海水淡化产业发展研究及战略思考

张晓东　杨兴涛　编著

U0189893

中国海洋大学出版社

·青岛·

图书在版编目（CIP）数据

海水淡化产业发展研究及战略思考／张晓东，杨兴涛编著. —青岛：中国海洋大学出版社，2021.5
ISBN 978-7-5670-2818-0

Ⅰ.①海…　Ⅱ.①张…②杨…　Ⅲ.①海水淡化—产业发展—研究—山东　Ⅳ.①P747

中国版本图书馆CIP数据核字（2021）第085163号

出版发行	中国海洋大学出版社
社　　址	青岛市香港东路23号　　邮政编码　266071
网　　址	http://pub.ouc.edu.cn
出 版 人	杨立敏
责任编辑	魏建功　林婷婷　　　　电　　话　0532-85902121
电子信箱	wjg60@126.com
印　　制	青岛瑞丰祥印务有限公司
版　　次	2021年6月第1版
印　　次	2021年6月第1次印刷
成品尺寸	170 mm × 240 mm
印　　张	13
字　　数	186千
印　　数	1～2000
定　　价	62.00元
订购电话	0532-82032573（传真）

发现印装质量问题，请致电0532-88723933，由印刷厂负责调换。

前　言

　　对人类来说，水资源是各种资源中最不可或缺、无法替代的，水资源问题已是全世界最为关注和迫切需要寻找解决途径的重要问题之一。人类真正可以利用的淡水资源是江河湖泊和地下水中的一部分，仅占地球总水量的0.26%。目前，全世界有10亿多人面临着水资源短缺问题，根据相关统计，至2025年，世界将有近一半人口生活在严重缺水的地区，水资源危机已经成为严重制约人类可持续发展的重要因素之一。

　　我国水资源较为匮乏且分布不均，北方呈资源型缺水，南方呈水质型缺水，人均淡水资源占有量仅为世界人均占有量的1/4，被联合国列为13个贫水国家之一。沿海地区作为我国人口聚集和经济发展的中心，也是我国水资源最为紧缺的地区。我国沿海地区在考虑南水北调的条件下，到2030年缺水量将高达214亿立方米。天津、青岛等70多个大中城市用水状况日趋紧张，已严重制约经济社会可持续发展。根据国务院批复的《全国水资源综合规划》，2020年和2030年，全国用水总量力争分别控制在6700亿立方米和7000亿立方米以内。

　　为缓解水资源危机，我国在大力推进节水的同时，积极开发利用海水等非常规水资源。海水作为稳定的水资源增量与替代水源，已逐步成为水资源的重要补充和战略储备。发展海水利用，对缓解我国沿海地区缺水和海岛水资源短缺形势，合理优化用水结构以及促进水资源可持续利用具有非常重要的意义。党中央、国务院高度重视海水利用工作，海水利用先后被列入《中共中央 国务院关于加快推进生态文明建设的意见》《水污染防治行动计划》《国民经济和社会发展第十三个五年发展规划纲要》，2020年1月1日正式施行的《产业结构调整指导目录（2019年本）》首次将海水淡化等非常规水资源列入国家产业指导目录，海水淡化成为水资源的重要组成部分，为我国经济社会发展开辟了新的可持续的水资源保障。

党的十八大会议首次完整地将生态文明建设纳入中国特色社会主义事业"五位一体"总体布局，把美丽中国作为生态文明建设的宏伟目标。党的十九届四中全会审议通过的《中共中央关于坚持和完善中国特色社会主义制度、推进国家治理体系和治理能力现代化若干重大问题的决定》中进一步明确提出"生态文明建设是关系中华民族永续发展的千年大计"。水是生命之源、生产之要、生态之基，水生态文明是生态文明的重要组成和基础保障。长期以来，我国经济社会发展付出的水资源、水环境代价过大，导致一些地方出现水资源短缺、水污染严重、水生态退化等问题，海水淡化是解决北方沿海缺水地区水资源危机、改善调水水质、涵养生态环境的重要措施，对有效缓解区域水资源供需紧张矛盾，加强生态文明建设及加快建设美丽中国，保障区域经济社会可持续发展，具有十分重要的现实意义和战略意义。

青岛水务集团通过建设运营百发海水淡化厂、董家口海水淡化厂，实现了日产20万立方米的生产能力，约占全国总规模的1/6，是国内运营规模最大的市政海水淡化企业。为进一步研究海水淡化发展的相关问题，在集团多年开展海水淡化建设运营、水资源管理及调研学习国内外海水淡化发展经验的基础上，我们编撰了《海水淡化产业发展研究及战略思考》一书。

最后，需要指出的是，由于当前新知识、新数据不断更新和积累，加之编写人员水平所限，书中不足之处在所难免。恳请读者批评指正，我们一定虚心接受，并会予以完善。

目 录

① 海水淡化发展概述

地球上能够直接被人们利用的淡水资源十分有限。人口增长和社会经济的发展，促使水资源更加紧张，而人类活动造成的水污染和浪费使水资源短缺问题更加严重。在日益严峻的全球化水危机形势下，作为淡水资源增量与替代技术的海水淡化技术及相关产业应运而生。

1.1　海水淡化发展历史

地球上约71%的面积被海洋覆盖，但人类生产生活所需的淡水资源却相对匮乏。从数据来看，地球上的水总体积（图1-1）有13.6亿立方千米，海洋约占地球总水量的97.2%，淡水资源有3500多万立方千米，只占总水量的2.8%，再除去无法取用的冰川和高山冰冠中的水，陆地上可利用的淡水湖、地下水和河流的水量不到地球总水量的1%。因此，对资源丰富的海水加以开发和利用，使之变成淡水，一直是人类探索的方向。

蒸馏法是将海水加热，然后将水蒸气冷却下来从而得到淡水。有证据表明在公元前1400年，古代海边居民就知道采用这种方法得到淡水。简单的海水淡化装置在公元前200年开始出现在远洋航船上。

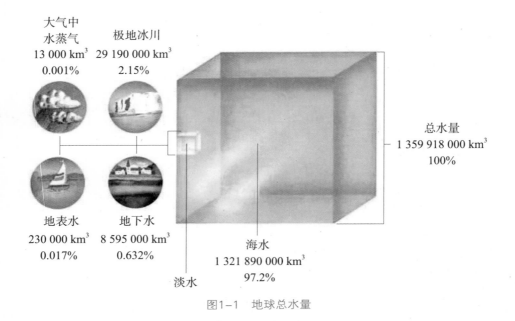

大气中
水蒸气
13 000 km³
0.001%

极地冰川
29 190 000 km³
2.15%

总水量
1 359 918 000 km³
100%

地表水
230 000 km³
0.017%

地下水
8 595 000 km³
0.632%

海水
1 321 890 000 km³
97.2%

淡水

图1-1　地球总水量

　　16世纪，第一个陆基海水脱盐工厂建在突尼斯的一座海岛上。17世纪海水淡化得到重视，在1675年和1683年，英国专利No. 184和No. 226提出了海水蒸馏淡化，18世纪提出了冰冻海水淡化。1791年，美国开始介入海水淡化研究，国务卿托马斯·杰弗逊发表了第一份有关海水淡化发明的技术报告，描述了简单蒸馏过程的成果。1800年后，蒸汽机的出现以及远洋殖民开拓对航海的发展和实际需求促进了蒸馏技术的发展，出现了浸没式蒸馏器，这可作为海水淡化技术发展的开始；1812—1840年开发了单效和真空多蒸法，也开始了闪蒸的研究和设计工作；1852年，英国专利垂直管海水蒸发器很快在舰船上使用之后，又发明水平管喷膜蒸发、蒸汽压缩等专利；1872年，在智利出现了世界上第一台太阳能海水淡化装置，日产海水淡化水2吨。1860年，美洲地区第一个海水淡化装置在佛罗里达州基韦斯特的军事基地修建。1898年，俄国巴库日产水1230吨的多效蒸发海水淡化工厂投入运行。

　　在20世纪早期，海水淡化还没有达到为市政供水的程度，工程技术手段仅仅局限于简单的一级蒸发、多效蒸馏（从制糖工业发展而来的）、热压蒸馏器。当时的海水淡化设备制造商不多，仅限于英国、美国、法国和德国。使用海水淡化设备的地方也非常分散，主要集中在蒸汽轮船上（用于锅炉补给水和饮用水），以及中东和地中海地区的几个港口，如亚丁、苏伊士和吉达。其中Weir公司涉足海水淡化领域的历史非常悠久，直到现在该公司仍然活跃在海水淡化领域。

1930年机械蒸汽压缩蒸馏有很大的改进，1942年出现了适于船用的浸没管蒸馏，1943年出现了适于船舶及海岛使用的蒸汽压缩蒸馏，该装置和多效蒸发在"二战"期间得到很大发展，并装备于各式战舰和船只上，但这阶段多为浸没式多效蒸发装置，这种装置直到1970年仍在使用，且规模越来越大。1943年也有了用于海上救生的离子交换淡化装置。1944年又提出了人工冷冻法。1930年提出了反渗透和电渗析的概念，但直到1954年电渗析才被实用化，主要用于苦盐水脱盐。1957年，R. S. Silver和A. Frankel发明了多级闪蒸，由于克服了多效蒸发中易结垢和腐蚀问题，所以在中东等缺水地区获得了很快的发展，这可作为海水淡化技术大规模应用的开始；1960年反渗透获得突破性进展，但在海水淡化中使用是从美国杜邦公司1975年推出的Permasep B-10中空纤维反渗透器开始的。1975年低温多效蒸馏商品化，它克服了以前多效蒸发易结垢的缺点，能耗也有所降低，用材要求也不再苛刻，而得到一定程度的推广。20世纪80年代中期之后，随着反渗透膜性能提高、价格下降、能量回收效率提高等，反渗透膜法（Reverse Osmosis，RO）才得到迅速发展。

1.2 海水淡化的方法和原理

　　全球海水淡化技术有20余种，包括反渗透法、低温多效、多级闪蒸、电渗析法、压汽蒸馏、露点蒸发法、水电联产、热膜联产及利用核能、太阳能、风能、潮汐能的海水淡化技术，以及微滤、超滤、纳滤等多项预处理和后处理工艺。

　　从大的分类来看，主要分为蒸馏法（热法）和膜法两大类，其中低温多效蒸馏法（MED）、多级闪蒸法（MSF；图1-2）和反渗透膜法（RO）是全球主流技术。一般而言，低温多效蒸馏法具有节能、海水预处理要求低、海水淡化水品质高等优点；反渗透膜法具有投资低、能耗低等优点，但海水预处理要求高；多级闪蒸法具有技术成熟、运行可靠、装置产量大等优点，但能耗偏高。一般认为，低温多效蒸馏法和反渗透膜法是未来发展方向。

图1-2　海水淡化多级闪蒸法工程装置图

　　反渗透膜法工艺：反渗透又称逆渗透，是一种以压力差为推动力，从溶液中分离出溶剂的膜分离技术。对膜一侧的料液施加压力，当压力超过它的渗透压时，溶剂会逆着自然渗透的方向作反向渗透，从而在膜的低压侧得到透过的溶剂，即渗透液；高压侧得到浓缩的溶液，即浓缩液。若用反渗透处理海水，在膜的低压侧得到淡水，在高压侧得到浓盐水。见图1-3、图1-4。

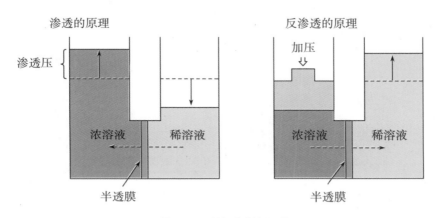

图1-3 反渗透膜法原理

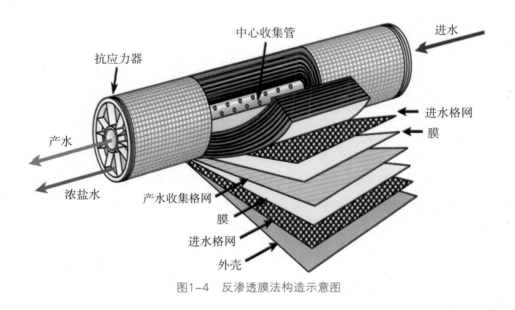

图1-4 反渗透膜法构造示意图

低温多效蒸馏法工艺：低温多效海水淡化技术是指盐水的最高蒸发温度低于70 ℃的蒸馏淡化技术，其特征是将一系列的水平管喷淋降膜蒸发器串联起来，用一定量的蒸汽输入首效，后面一效的蒸发温度均低于前面一效，然后通过多次的蒸发和冷凝，从而得到多倍于蒸汽量的蒸馏水的淡化过程。多效蒸发是让加热后的海水在多个串联的蒸发器中蒸发，前一个蒸发器蒸发出来的蒸汽作为下一蒸发器的热源，并冷凝成为淡水。其中低温多效蒸馏是蒸馏法中最节能的方法之一。见图1-5。

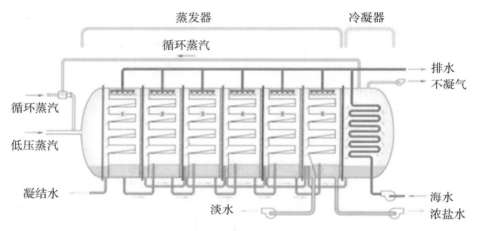

图1-5　低温多效蒸馏工艺示意图

多级闪蒸法：将原料海水加热到一定温度后引入闪蒸室，由于闪蒸室中的压力控制在低于热盐水温度所对应的饱和蒸汽压的条件，故热盐水进入闪蒸室后即成为过热水而急速地部分气化，从而使热盐水自身的温度降低，所产生的蒸汽冷凝后即为所需的淡水。多级闪蒸法就是以此原理为基础，使热盐水依次流经若干个压力逐渐降低的闪蒸室，逐级蒸发降温，同时盐水也逐级增浓，直到其温度接近（但高于）天然海水温度。在一定的压力下，把经过预热的海水加热至某一温度，引入第一个闪蒸室，降压使海水闪急蒸发，产生的蒸汽在热交换管外冷凝成淡水，而留下的海水温度降到相应的饱和温度。依次将浓缩海水引入以后各闪蒸室逐级降压，使其闪急蒸发，再冷凝而得到淡水。闪蒸室的个数，称为级数，最常见的装置有20～30级，有些装置可达40级以上。见图1-6。

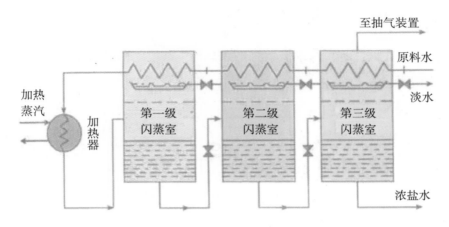

图1-6　多级闪蒸装置流程图

电渗析法：电渗析是利用多组交替排列的阴、阳离子交换膜进行脱盐的过程。这种膜具有很高的离子选择透过性，阳膜排斥水中阴离子而允许阳离子滤过，阴膜排斥水中阳离子而允许阴离子滤过。在外加直流电场的作用下，淡水室中的离子作定向迁移，阳离子穿过阳膜向负极方向运行，并被阴膜阻拦于浓水室中，然后随浓盐水排放掉。阴离子穿过阴膜而向正极方向运动，并被阳膜阻拦于浓盐水室中，然后随浓盐水排放掉。见图1-7。

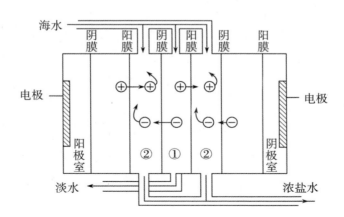

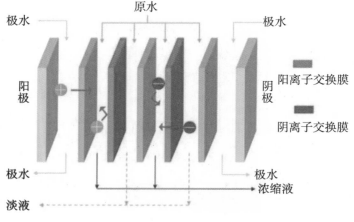

图1-7　电渗析原理图

1.3　国外海水淡化发展现状

1.3.1　国外海水淡化总体情况

（1）海水淡化总规模、单机规模不断扩大

伴随海水淡化技术发展和社会需求量加大，海水淡化工厂的淡化规模不断扩大。其规模从最初的日产几百立方米，发展到现在的日产几十万立方米。截至2017年年底，全球已有160多个国家和地区在利用海水淡化技术，已建成和在建的海水淡化工厂有接近2万个，合计淡化产能约为10 432万吨/日（图1-8）。增长的主要力量来源于中国、摩洛哥、新加坡和海湾地区国家的公共事业部门和工业部门。

在迅速增长的海水产能之中，市政供水是海水淡化的主要应用领域。在已建装机容量中，市政供水占比最高，为63.1%，已解决了2亿

多人的生活用水问题；工业及电力次之，占比为31.4%；其余用途约占
5.5%（图1-9）。

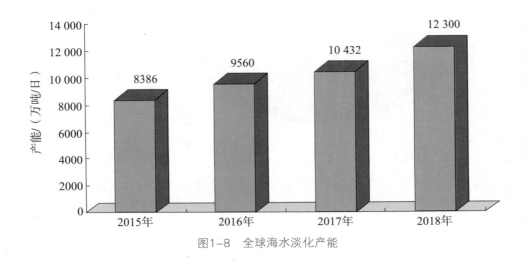

图1-8　全球海水淡化产能

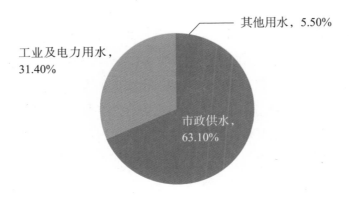

图1-9　世界海水淡化的主要应用领域占比

（2）海水淡化技术日趋成熟，并向集成化方向发展

反渗透、多级闪蒸、低温多效是当今海水淡化三大主流技术。截止到
2017年，全球海水淡化技术中反渗透占总产能的65%，多级闪蒸占21%，电

去离子占7%，电渗析占3%，纳滤占2%，其他占2%（图1-10）。

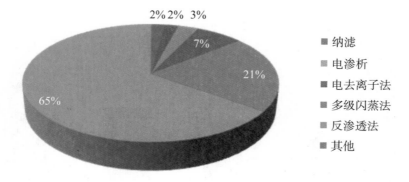

图1-10 世界海水淡化技术份额

多级闪蒸技术成熟、运行可靠，主要发展趋势为提高装置单机造水能力，降低单位电力消耗，提高传热效率，等等。低温多效蒸馏技术由于节能的因素，近年发展迅速，装置的规模日益扩大，成本日益降低，主要发展趋势为提高装置单机造水能力，采用廉价材料降低工程造价，提高操作温度，提高传热效率，等等。反渗透海水淡化技术发展很快，工程造价和运行成本持续降低，主要发展趋势为降低反渗透膜的操作压力，提高反渗透系统回收率，廉价高效预处理技术，增强系统抗污染能力，等等。

目前，水电联产、热膜联产等多种技术集成是海水淡化技术主要发展趋势。水电联产主要是指海水淡化水和电力联产联供。由于海水淡化成本在很大程度上取决于消耗电力和蒸汽的成本，水电联产可以利用电厂的蒸汽和电力为海水淡化装置提供动力，从而实现能源高效利用和降低海水淡化成本。国外大部分海水淡化厂都是和发电厂建在一起的，是目前大型海水淡化工程的主要建设模式。热膜联产主要是采用热法和膜法海水淡化相联合的方式（即MED-RO或MSF-RO方式），满足不同用水需求，降低海水淡化成本。目前，世界上最大的热膜联产海水淡化厂是阿联酋富查伊拉海水淡化厂，日产海水淡化水量为45.4万立方米，其中，多级闪蒸法日产水28.4万立方米，反渗透膜法日产水17万立方米。

（3）海水淡化成本日趋降低

在海水淡化规模不断扩大的同时，海水淡化成本也逐渐降低。其中，典型的大规模反渗透海水淡化，海水淡化水成本已从1985年的1.02美元/米³降至2005年的48美分/米³。且在成本的组成上，运行及维护、能源消费和投资成本均逐年下降。目前，国外海水淡化水成本为0.5～1.0美元/米³，以色列、沙特阿拉伯等大规模利用海淡水国家的先进海水淡化项目的成本可降低到0.5～0.7美元/米³。在20世纪70年代以前海水淡化的成本折合人民币需要20元左右，技术进步以及规模的大型化使成本逐步降低。

（4）海水淡化产业政策支持力度加大

国际上海水淡化的发展都是政府支持的结果。政府的规划、工业布局的调整，使得海水直接利用以及海水淡化得到了长足的发展，在合理开发资源、保护环境的同时创造了海水资源开发利用的市场。中东地区部分国家90%左右的生活用水得益于海水淡化，海水淡化使中东部分地区从不毛之地变成了绿洲。纵观国际海水资源开发利用的发展过程，自始至终政府的倡导和支持都起着重要的作用。国外海水淡化工程的建设，过去通常为政府出资建设和政府实施管理，这些因素对海水淡化的发展发挥了至关重要的作用。随着海水淡化技术快速发展和市场机制的完善，现在一些国家特别是中东地区国家采取政府引导与市场化运作相结合的模式，在保证政府对海水淡化水控制权的前提下引入竞争机制，允许私营经济和国外企业介入，进一步降低海水淡化工程的建设投资和运行成本。建设—运营—移交（BOT）和建设—拥有—运营（BOO）是主要融资模式。BOT是项目公司在协议期内拥有、运营和维护这项设施，并通过收取使用费或服务费用回收投资，取得合理利润。协议期满后，设施的所有权无偿移交给政府。BOO则是承包商根据政府授予的特许权，建设并经营某项基础设施，但并不将此基础设施移交给政府。

1.3.2 国外典型国家海水淡化发展现状

（1）以色列

以色列南部地区常年干旱缺水，北部地区仅有一个淡水湖泊。为解决南部地区用水问题，以色列政府于1964年投入运营"北水南调"国家输水工程，通过长300千米的输水管线将北方较为丰富的水资源输送到干旱缺水的南方。同时，以色列致力于提高水资源利用效率，形成了以滴灌技术为代表的智能水利管理系统，循环水利用率高达75%，居全球首位。随着以色列的经济发展和人口增加，淡水供需缺口越来越大。20世纪90年代中期的连续干旱，加之对淡水资源的过度抽取，使加利利湖水位经常低于安全红线，直接威胁以色列饮水安全。以色列濒临地中海，具有较长的海岸线，以色列政府认为解决水资源问题的根本出路只能靠开发新水源，海水利用就是一项重要举措。为此，以色列政府于1999年制定了"大规模海水淡化计划"以缓解淡水的供需矛盾。根据该项计划，至2025年，海水淡化水将占淡水需求量的28.5%，生活用水的70%；至2050年，海水淡化水将占全国淡水需求量的41%，生活用水的100%。如有多余海水淡化水，将用于以色列自然水资源的保护。见图1-11。

图1-11　以色列典型海水淡化厂

1）海水淡化规模巨大

目前以色列拥有在海水淡化领域全球领先的以色列IDE海水淡化技术有限公司，并已建成阿什科隆、海德拉和索莱克等多家超大型海水淡化工厂，拥有世界第一个超大产水量海水反渗透（SWRO）淡化厂——阿什科隆淡化厂，日产水量40万立方米，水价仅为0.53美元/米³。

以色列IDE海水淡化技术有限公司为以色列化工集团子公司，是国际著名海水淡化企业，也是全世界唯一一家拥有低温多效与反渗透两项技术的国际公司，凭借其设备投资少、能量消耗低、建造周期短等优势，发展迅速，目前占据了全球90%的海水淡化市场份额，在世界范围内承建了370多家海水淡化厂。

目前，以色列6家大型发电厂有5家坐落于海边，均采用海水冷却，节约了大量淡水资源。此外，以色列从20世纪60年代开始进行海水、苦咸水淡化，技术不断进步，2003—2015年建成5座超大型海水淡化厂，规模达212.5万米³/日。其中索莱克海水淡化厂是全球最大规模的反渗透海水淡化厂，详见表1-1。海水淡化水成本达0.50美元/米³，主要用于市政领域，满足了70%的饮用水需求。

表1-1　以色列超大型海水淡化厂

名称	规模/（$10^4\,m^3/d$）	技术类型	建设模式
索莱克海水淡化厂	62.4	反渗透	BOT
阿什多德海水淡化厂	33.7	反渗透	BOT
海德拉海水淡化厂	45.6	反渗透	BOT
帕勒马希姆海水淡化厂	27.3	反渗透	BOO
阿什克隆海水淡化厂	39.2	反渗透	BOT

2）海水淡化技术世界领先，水电联产成为特色

多年来，以色列政府始终支持着海水、咸水淡化的研究工作，有关经费占国内生产总值的比重位居世界第一，海水淡化技术也由最初的多级闪蒸逐步发展到世界领先的低温多效和反渗透膜技术，以其设备简单、易于

维护和设备模块化的优点迅速占领市场。目前以色列建成和在建的海水淡化厂均采用了该技术。考虑到用电成本占海水淡化成本的1/3，以色列政府在招标时鼓励海水淡化厂建立专门的发电厂，实现水电联产，并协定多余电量可卖给国家电力公司。同时，政府在招标时对天然气发电厂加分，因为天然气的二氧化碳排量仅为煤发电的1/5，发电价格也比以色列国家电力公司的煤电价格低近8%。以色列通过降低用电成本，有效降低了海水淡化成本。

3）海水淡化规划科学，投融资机制创新，管网先行

规划科学：早在20世纪90年代末，以色列政府就根据各地区缺水量、人均水量、是否便于接入国家输水工程节点等方面，对未来20年的海水淡化做出了全面评估和规划，并确定了阿什多德、阿什克隆、海德拉、沙福丹、内塔尼亚和沙姆拉特等重点海水淡化群区域。

投融资机制创新：以色列在保证政府对海水淡化水控制权的前提下引入竞争机制，将海水淡化项目面向国际招标，吸引私人资本参与海水淡化设施建设，不仅有效减轻了财政负担，也加快了建设进程。同时，企业追逐利润的特性有利于有效降低海水淡化工程的建设和运行成本。以色列政府与建设企业风险共担，譬如企业在按计划生产海水淡化水出现供大于求时，政府将保证购买多余的水量。

管网先行：以色列投入超过5亿美元，将海水淡化厂与国家供水系统连接起来，并根据接入的海水淡化水量多少调节从加利利湖及地下水源的抽水量，借此减少工厂蓄水压力，保证海水淡化工厂全额产能连续生产，从而有效降低产水成本。

（2）沙特阿拉伯

沙特阿拉伯的海水淡化工业始于1925年，目前已发展成全球海水淡化第一大国，50%的淡水供应来自海水淡化。截止到2015年年底，海水淡化产能已达11.07亿米³/年。其中，东海岸的海水淡化厂产能达5.501亿立方米，占比49.7%，主要供应东部地区、利雅得、卡西姆、苏戴尔和瓦实姆等；西海岸的海水淡化厂产能达5.575亿立方米，占比50.3%，主要供应麦加、麦地

那、吉达、塔布克、巴哈、阿西尔和吉赞等。

目前，沙特阿拉伯的海水淡化技术主要依赖"热法"，拥有世界上最大的多级闪蒸海水淡化厂——舒艾巴海水淡化厂（图1-12），日产淡水46万米^3；拥有全球最大的海水淡化公司——沙特海水淡化公司（SWCC），该公司目前拥有40个海水淡化厂和电力厂，海水淡化水产量达350万米^3/日，伴生87 000兆瓦时电力，已成为全球最大的海水淡化水生产商。预计到2020年，沙特阿拉伯在海水淡化水站建设和运输领域的投资将达650亿里亚尔；沙特阿拉伯电力公司将在生产、运输、配电领域投资5000亿里亚尔，用于满足沙特阿拉伯国内不断增长的用水用电需求。

图1-12　舒艾巴海水淡化厂

沙特阿拉伯的海水淡化工厂不仅向沿海城市提供海水淡化水，而且还向内地一些人口稠密和缺乏饮用水的城市和地区提供海水淡化水；在有些地区，甚至还用海水淡化水发展灌溉农业，耕地面积迅速扩大，小麦、水稻的单产均达到世界先进水平。

（3）新加坡

新加坡是一个没有腹地和天然蓄水层的国家。为缓解水资源不足，新加坡制定了一项独特的多元化水资源开发策略，包括从马来西亚进口淡水、雨水收集、再生水利用和海水淡化，被称为国家"四大水喉"。新加坡水务管理机构是公用事业局。为遏制浪费、发挥水价机制良好的调控作用，新加坡市政供水的定价要高于其他国家，并征收了污水处理费和公共基础设施维护费。

新加坡政府一直非常重视海水淡化水科技领域的研发和创新，不断探索更完善的海水淡化水源管理模式。2006年，新加坡政府把海水淡化水领域指定为政府重点发展的三大领域之一，并成立新加坡环境与水业发展局，设立了国立研究基金会，近5年内投资3.3亿新元以加强海水淡化水科技领域的研发工作。

新加坡实行阶梯水价，用水量低于40吨时水价为1.17新元/米^3，超过40吨按1.4新元/米^{3}征收。2005年9月，新加坡大士新泉海水淡化厂投入运营（图1-13）。该厂每天生产海水淡化水13.6万吨，可满足新加坡10%的用水需求，其产品水先送至公用事业局所拥有的水库，与其他饮用水以1：2的比例进行混合后，统一输送至用水户。该工程采用设计—建设—拥有—运营

图1-13　新加坡大士新泉海水淡化厂车间布置图

（DBOO）模式，特许经营期为20年，其产品水售价根据能源价格和物价变化情况，按既定公式进行及时调整。该厂运行第一年每吨海水淡化水的成本仅为0.78新元，与较高的居民水价相比，海水淡化水是具有竞争力的。根据推算，新泉海水淡化厂第一年的盈利可达到2000万新元。2013年9月，新加坡大泉海水淡化厂建成，每天可生产海水淡化水31.85万吨。两座海水淡化厂产水量合计起来，将能满足新加坡25%的用水需求。为应对与马来西亚供水协议的到期，未来新加坡还计划把海水淡化生产能力提高10倍，以逐步实现新加坡供水水源的自给。

（4）西班牙

西班牙是第一个建设海水淡化装置的欧洲国家，也是目前海水淡化规模最大的欧洲国家，主要利用反渗透等膜法淡化技术。西班牙政府自2004年起实施的"水资源管理和利用措施"计划不仅使地中海沿岸的海水淡化规模不断增长、能耗不断降低，同时也提升了开拓海外市场的实力。

1）海水淡化规模总量大

西班牙海水淡化产业规模位居全球第四，是目前应用淡化技术最多的西方国家，淡化总产水能力至2013年已达476万米³/日，其中海水淡化294万米³/日。在产业分布方面，西班牙海水淡化业兴起于加那利群岛，之后向本土蔓延。目前，地中海沿岸大型反渗透工厂林立，已经成为西班牙新的淡化产业中心；同时，西班牙也在大西洋和地中海的群岛上不断投产新型海水淡化厂，用以满足当地用水需求。

在从业公司方面，西班牙海水淡化企业数量众多。既包括能够建造大型海水淡化厂的跨国公司，也不乏实力雄厚的装备制造公司。例如，安迅能（Acciona Agua）公司在全球参建过70多个海水淡化工程，这些淡化厂的总产水能力超过175万米³/日；SPA隶属于FCC集团的阿奎利雅（Aqualia）公司，是从事海水淡化设备设计和建造的专业公司。如今西班牙公司在淡化项目设计、建造、运营和维护方面均已成为世界海水淡化市场的有力竞争者和领跑者，在北美、印度、中东和北非市场占据着领先的市场份额。我国的青岛百发10万米³/日海水淡化工程就是由西班牙阿本戈公司总包的。

2）海水淡化技术先进

在技术应用方面，西班牙20世纪70年代投产的早期淡化厂多采用多级闪蒸、低温多效蒸馏等热法工艺。自20世纪90年代以来，西班牙的反渗透技术和装备制造业发展迅速，一系列大型海水反渗透工厂在地中海沿岸相继投产（图1-14）。反渗透已成为西班牙海水淡化的主流技术。西班牙非常重视并大力支持淡化技术研发，例如，其参加了"欧盟第六框架专门计划（STREP）"中的"膜法淡化：综合方法（Membrane-Based Desalination：An Integrated Approach，MEDINA）"项目，重点对零液体排放方法、可再生能源淡化、先进复合型膜工艺等进行研究，旨在保持西班牙在膜法海水淡化领域的国际领先地位。

图1-14　西班牙典型海水淡化厂项目

3）海水淡化产业发展政策完善

西班牙政府的产业发展政策主要包括公共投资、价格补贴和产能建设三个方面。

公共投资方面：西班牙在《国家水资源规划》中提出"对水利基础设施和淡化产业的公共投资，规定优先投资不依赖外部输水的开发项目，鼓励采用非传统性方法获得高品质水源，如海水淡化水与苦咸水"。

价格补贴方面：为使淡化饮用水价格与全国家庭用水平均水价相近，促进淡化产业发展，西班牙政府早在1983年就制定了对淡化产水的补贴政策，并根据《西班牙总预算法》每年一度地制定补贴方案，环境部自1997年起控制和分配该补贴。计算补贴使用的公式考虑了许多因素，如水资源量、海水淡化水成本、能耗量、管网渗漏和人口密度等。生产海水淡化水的公司必须实现家庭饮用水供应方能享受补贴。根据欧盟法规，对公司的补贴必须始终低于海水或苦咸水淡化的产水成本，该补贴政策促进了淡化产业的可持续发展。

产能建设方面：2004—2011年，西班牙政府启动并实施了"水资源管理和利用措施（AGUA）"计划，即以海水淡化技术作为战略关键依托，实现300万米³/日的可利用水资源量，为地中海流域提供充足的市政饮用水和灌溉用水，解决该地区水资源短缺引发的问题。该计划还包括实行严格的海水淡化水水质标准（包括降低硼含量）和能耗标准。AGUA计划总投资超过10亿欧元。通过实施AGUA计划，西班牙既增强了淡化技术力量，将海水淡化工业重心转移至地中海沿岸，同时也提高了海水淡化水在农业灌溉中的比例。西班牙企业则升级了技术，储备了人才，积累了建设和运营大型淡化厂的经验，并积极开拓海外市场。西班牙由此在国际淡化产业竞争中确立了领先地位。

1.4　国内海水淡化发展现状

我国是一个淡水资源严重短缺的国家，水资源已成为制约沿海地区经济社会发展的瓶颈，海水淡化是一种可实现水资源可持续利用的开源增量技术，可以较好地弥补蓄水、跨流域调水等传统手段的不足，对于缓解淡水短缺、优化沿海水资源结构、保障沿海地区社会经济可持续发展具有重要意义。我国海水淡化研究起步于1958年，经过半个多世纪的技术研究和

工程示范，在反渗透法、蒸馏法等主流海水淡化技术方面均取得了较大突破。

1.4.1 国内海水淡化总体情况

（1）产业规模发展迅速，相比国外仍有差距

近年来，我国海水淡化技术日益成熟，海水淡化产业发展迅速。根据自然资源部海洋战略规划与经济司发布的《2018年全国海水利用报告》，截至2018年年底，我国已建成海水淡化工程142个，工程规模1 201 741吨/日。其中，全国已建成万吨级以上的海水淡化工程36个，工程规模1 059 600吨/日；千吨级以上、万吨级以下的海水淡化工程41个，工程规模129 500吨/日；千吨级以下海水淡化工程65个，工程规模12 641吨/日。全国已建成最大海水淡化工程规模200 000吨/日。尽管我国海水淡化工程规模复合增速13%，但与国外相比仍有一定差距。2018年年底，我国海水淡化工程规模达到120.17万吨/日，仅为世界海水淡化工程规模12 300万吨/日的1.02%。"十三五"末，全国海水淡化总规模将达到220万吨/日以上。全国海水淡化工程规模增长如图1-15所示。

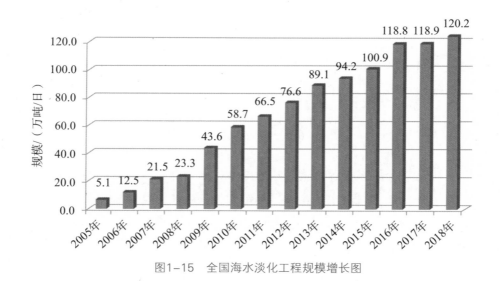

图1-15 全国海水淡化工程规模增长图

（2）海水淡化水主要用于工业，地域分布集中

海水淡化水的终端用户主要分为两类：一类是工业用水，另一类是生活用水。截至2017年年底，海水淡化水用于工业用水的工程规模为791 385吨/日，占总工程规模的66.56%。其中，火电企业为31.58%，核电企业为4.61%，化工企业为5.05%，石化企业为12.29%，钢铁企业为13.03%。用于居民生活用水的工程规模为393 745吨/日，占总工程规模的33.11%。用于绿化等其他用水的工程规模为3975吨/日，占0.33%。见图1-16。

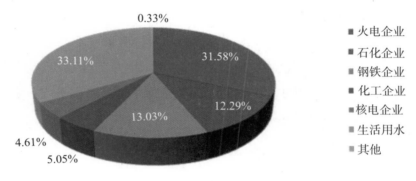

图1-16　全国海水淡化工程规模用途图

海水淡化工程主要集中在水资源严重短缺的沿海城市和海岛。其中，北方以大规模的工业用海水淡化工程为主，主要集中在天津、山东等地的电力、钢铁等高耗水行业；南方以民用海岛海水淡化工程居多，主要分布在浙江、福建、海南等地，以百吨级和千吨级工程为主。

截止到2018年，沿海9省的海水淡化产业规模：天津已建成海水淡化工程规模317 245吨/日；山东已建成海水淡化工程规模282 625吨/日；浙江已建成海水淡化工程规模227 795吨/日；河北已建成海水淡化工程规模173 500吨/日；辽宁已建成海水淡化工程规模87 664吨/日；广东已建成海水淡化工程规模89 296吨/日；福建已建成海水淡化工程规模11 231吨/日；江苏已建成海水淡化工程规模5200吨/日；海南已建成海水淡化工程规模2685吨/日。其中，在海岛地区，海水淡化工程规模为148 770吨/日。

（3）反渗透、蒸馏法是主流技术，吨水成本较高

目前，国内海水淡化技术主要包括反渗透、低温多效和多级闪蒸等。其中，反渗透技术占主导地位。截至2018年年底，全国应用反渗透技术的工程121个，工程规模825 641吨/日，占全国总工程规模的68.7%；应用低温多效技术的工程16个，工程规模369 150吨/日，占全国总工程规模的30.72%；应用多级闪蒸技术的工程1个，工程规模6000吨/日，占全国总工程规模的0.50%；应用电渗析技术的工程3个，工程规模450吨/日，占全国总工程规模的0.04%。应用正渗透（FO）技术的工程1个，工程规模500吨/日，占总工程规模的0.04%。见图1-17。

海水淡化水成本主要由投资成本、运行维护成本和能源消耗成本构成。国内海水淡化水平均成本达到5～8元/吨，明显高于海外先进项目（3～4元/吨）。其中，国内万吨级以上海水淡化工程平均产水成本6.37元/米³，千吨级海水淡化工程产水成本8.44元/米³。

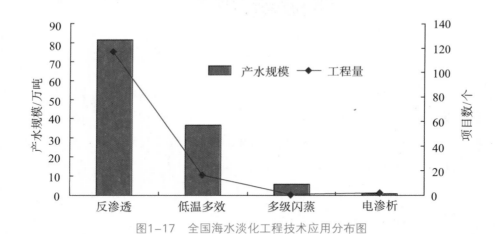

图1-17　全国海水淡化工程技术应用分布图

（4）海水淡化装备制造初具规模，产业链日益完善

近年来，通过技术研发和成果转化，我国已培育了一批包括压力容器、热泵、膜组器、蒸发器和其他传热材料等在内的关键设备和相关生产企业，产生了一批融合设计、施工及服务的企业，年产值已突破数百亿元。

1）设备耗材及供应商

巴安水务生产纳米陶瓷平板超滤膜、溶气气浮等；津膜科技、碧水源、南方汇通、赛诺水务生产膜耗材；中金环境生产海水淡化高压泵；巴安水务、双良节能生产低温多效海水淡化系统；常康环保生产海军舰船用反渗透海水淡化设备；联兴科技生产中小规模海水淡化系统。

2）工程总包分包商

巴安水务参与河北沧州渤海新区10万吨/日海水淡化项目一期；北控水务参与海南三沙市永兴岛海水淡化工程等；奥美环境参与中标巴基斯坦卡西姆港燃煤应急电站项目海水淡化项目；天津海水淡化与综合利用研究所参与大连、辽宁等多个海水淡化项目，项目经验丰富；武汉凯迪水务参与大连红沿河核电站海水淡化项目、华润海丰电厂海水淡化工程。

3）项目投资运营方

青岛水务集团公司是目前中国运行规模最大、产量最高、运行最稳定、经营状况最好的海水淡化厂，截至2018年年底总设计产能为20万吨/日，约占全国的16%；目前已产8897万吨海水淡化水，极大地缓解了青岛市紧张的供水形势。巴安水务参与河北沧州渤海新区10万吨/日海水淡化项目一期运营。碧水源预中标青岛市董家口经济区海水淡化政府和社会资本合作（PPP）项目（一期规模为10万吨/日）。南方汇通拟与贵州海上丝路公司在印度安得拉邦投资建设海水淡化工程。

（5）法律法规和政策措施力度不断加大

推动海水淡化及综合利用的法规、政策在国家层面上相继制定面世，如《海水利用专项规划》《海水淡化产业发展规划》。同时，相关的标准、专利技术法规建设也取得了长足进展，营造了良好的政策和法规环境。"十三五"期间，国家通过产业基金、降低运营成本等方式着力推动海水淡化产业发展。"十三五"期间，我国海水淡化产业向规模化、集成化方向发展，逐步成为重要的战略新兴产业，国家从以下4个方面推动海水淡化产业发展：一是实施海岛海水淡化利用工程；二是促成海水淡化发展产业基金；三是加大对海水淡化装置运营的扶持力度，降低运营成本；四是建立

完善海水淡化标准体系，培育龙头企业，形成产业规模。

1.4.2 我国海水淡化标准现状

海水利用是涉及多方面的系统工程，要加速海水利用进程、提升海水利用产业化水平，必须以海水利用行业的标准化作为基础与支撑。同时，海水利用标准化工作对改变水资源供水结构、推进水资源可持续利用也具有重要的支撑作用。

（1）我国海水利用标准体系构建

按照标准所起的作用和涉及的范围，标准分为国际标准、区域标准、国家标准、行业标准、地方标准和企业标准等层次和级别。按照《中华人民共和国标准化法》（2017年11月4日修订）的规定，我国通常将标准划分为国家标准、行业标准、地方标准和企业标准4个层次。各层次之间有一定的依从关系和内在联系，形成一个覆盖全国又层次分明的标准体系。其中，国家标准分为强制性标准和推荐性标准。行业标准、地方标准是推荐性标准。标准的复审周期一般不超过5年。

近年来，随着我国海水利用尤其是海水淡化利用的蓬勃发展，海水利用标准化工作逐渐受到国家有关部门重视。2006年，国家标准委、发展改革委、科技部和原国家海洋局联合发布了《海水利用标准发展计划》，共设计了96项标准。此外，海水淡化标准还作为重要内容列入《标准化"十一五"发展规划纲要》。2012年，《国务院办公厅关于加快发展海水淡化产业的意见》（国办发〔2012〕13号）提出要重点研究制定海水淡化取排水、原材料药剂、海水淡化水水质及卫生检验、海水淡化工艺技术、检测技术、工程设计规范和运行管理、海水淡化监管标准以及相关设备的设计和质量等方面的标准。2014年，国家标准化管理委员会等12部委又联合发布了《2014年战略性新兴产业标准综合体指导目录》，将"海水淡化标准综合体"纳入其中，涉及水资源、机械制造、化工、树脂制造、分离膜等领域。2016年8月，国家质检总局、国家标准委、工信部联合印发《装备制造业标准化和质量提升规划》，其中提到"重点研制海水淡化生产工艺、成套装置及管件部件等技术标准"。

2009年，结合海水利用行业发展现状和趋势，根据《标准体系表编制原则和要求》（GB/T 13016—2009）等有关规定，初步建立了全面成套、层次恰当、划分明确的海水淡化标准体系。

（2）海水利用标准体系框架

根据专业领域特点，标准体系细分为三个领域：海水淡化（蒸馏法海水淡化、膜法海水淡化、移动式海水淡化），海水直接利用（海水冷却、大生活用海水利用、海水脱硫）和海水化学资源提取。其中，海水化学资源提取不在本书讨论范围内。每个领域可细分为：① 分类、术语、型号编制、结构要素等方面的基础标准；② 规划、设计、配备、评价、验收等方面的规范、规程；③ 劳动安全、卫生和环境保护方面的标准；④ 工程系统运行、质量、能耗等管理；⑤ 工程作业的装备及产品标准；⑥ 原水、产水水质要求相关标准。

（3）海水利用标准制定情况

截至2017年年底，全国已发布实施海水利用相关标准134项，包括国家标准39项，行业标准93项，地方标准2项。其中，2017年新发布标准20项，包括国家标准16项、行业标准3项、地方标准1项。主要为《分离膜外壳循环压力试验方法》（GB/T 33896—2017）、《膜生物反应器通用技术规范》（GB/T 33898—2017）、《卷式聚酰胺复合反渗透膜元件》（GB/T 34241—2017）、《纳滤膜测试方法》（GB/T 34242—2017）、《海水冷却水质要求及分析检测方法》系列标准（GB/T 33584）、《海水冷却水处理药剂性能评价方法》系列标准（GB/T 34550）、《中空纤维微滤膜组件》（HY/T 061—2017）、《卷式反渗透元件测试方法》（HY/T 107—2017；全部替代标准HY/T 107—2008）、《海水淡化水源地保护区划分技术规范》（HY/T 220—2017）、《海水淡化生活饮用水集中式供水单位卫生管理规范》（DB3702/FWWJW02—2017）等。海洋行业标准《海水淡化产品水水质要求》进入征求意见阶段，国家标准《反渗透膜法海水淡化产品水质要求》获批立项。我国海水淡化现行标准明细见表1-2，我国海水利用标准数量增长见图1-18。

表1-2 我国海水淡化现行标准明细表

序号	标准名称	标准编号
国家标准		
1	反渗透水处理设备	GB/T 19249—2003
2	膜分离技术术语	GB/T 20103—2006
3	膜组件及装置型号命名	GB/T 20502—2006
4	海水综合利用工程环境影响评价技术导则	GB/T 22413—2008
5	海水循环冷却水处理设计规范	GB/T 23248—2009
6	反渗透系统膜元件清洗技术规范	GB/T 23954—2009
7	海水淡化装置用铜合金无缝管	GB/T 23609—2009
8	中空纤维帘式膜组件	GB/T 25279—2010
9	火力发电厂海水淡化工程设计规范	GB/T 50619—2010
10	滨海电厂海水冷却系统牺牲阳极阴极保护	GB/T 16166—2013
11	海水输送用合金钢无缝钢管	GB/T 30070—2013
12	反渗透能量回收装置通用技术规范	GB/T 30299—2013
13	分离膜外壳	GB/T 30300—2013
14	化学品海水中的生物降解性密闭瓶法	GB/T 30665—2014
15	海水阴极保护总则	GB/T 31316—2014
16	海水淡化预处理膜系统设计规范	GB/T 31327—2014
17	海水淡化反渗透系统运行管理规范	GB/T 31328—2014
18	核电站海水循环系统防腐蚀作业技术规范	GB/T 31404—2015
19	海水淡化反渗透膜装置测试评价方法	GB/T 32359—2015
20	分离膜孔径测试方法	GB/T 32361—2015
21	反渗透膜测试方法	GB/T 32373—2015
22	海水淡化装置用不锈钢焊接钢管	GB/T 32569—2016
23	火力发电厂海水淡化工程调试及验收规范	GB/T 51189—2016

序号	标准名称	标准编号
24	钢铁行业海水淡化技术规范第 1 部分：低温多效蒸馏法	GB/T 33463.1—2017
25	多效蒸馏海水淡化装置通用技术要求	GB/T 33542—2017
26	海水冷却水质要求及分析检测方法第 1 部分：钙、镁离子的测定	GB/T 33584.1—2017
27	海水冷却水质要求及分析检测方法第 2 部分：锌的测定	GB/T 33584.2—2017
28	海水冷却水质要求及分析检测方法第 3 部分：氯化物的测定	GB/T 33584.3—2017
29	海水冷却水质要求及分析检测方法第 4 部分：硫酸盐的测定	GB/T 33584.4—2017
30	海水冷却水质要求及分析检测方法第 5 部分：溶解固形物的测定	GB/T 33584.5—2017
31	海水冷却水质要求及分析检测方法第 6 部分：异养菌的测定	GB/T 33584.6—2017
32	分离膜外壳循环压力试验方法	GB/T 33896—2017
33	膜生物反应器通用技术规范	GB/T 33898—2017
34	卷式聚酰胺复合反渗透膜元件	GB/T 34241—2017
35	纳滤膜测试方法	GB/T 34242—2017
36	海水冷却水处理药剂性能评价方法第 1 部分：缓蚀性能的测定	GB/T 34550.1—2017
37	海水冷却水处理药剂性能评价方法第 2 部分：阻垢性能的测定	GB/T 34550.2—2017
38	海水冷却水处理药剂性能评价方法第 3 部分：菌藻抑制性能的测定	GB/T 34550.3—2017
39	海水冷却水处理药剂性能评价方法第 4 部分：动态模拟试验	GB/T 34550.4—2017

序号	标准名称	标准编号
	海洋行业标准	
40	电渗析技术异相离子交换膜	HY/T 034.2—1994
41	电渗析技术电渗析器	HY/T 034.3—1994
42	电渗析技术脱盐方法	HY/T 034.4—1994
43	电渗析技术用于锅炉给水的处理要求	HY/T 034.5—1994
44	GTL-D 型膜孔径测定仪	HY/T 038—1995
45	微孔滤膜孔性能测定方法	HY/T 039—1995
46	中空纤维反渗透膜测试方法	HY/T 049—1999
47	中空纤维超滤膜测试方法	HY/T 050—1999
48	中空纤维微孔滤膜测试方法	HY/T 051—1999
49	微孔滤膜	HY/T 053—2001
50	中空纤维反渗透技术中空纤维反渗透组件	HY/T 054.1—2001
51	中空纤维反渗透技术中空纤维反渗透组件测试方法	HY/T 054.2—2001
52	折叠筒式微孔膜过滤芯	HY/T 055—2001
53	中空纤维超滤装置	HY/T 060—2002
54	中空纤维微滤膜组件	HY/T 061—2002
55	中空纤维超滤膜组件	HY/T 062—2002
56	管式陶瓷微孔滤膜元件	HY/T 063—2002
57	管式陶瓷微孔滤膜测试方法	HY/T 064—2002
58	聚偏氟乙烯微孔滤膜	HY/T 065—2002
59	聚偏氟乙烯微孔滤膜折叠式过滤器	HY/T 066—2002
60	卷式超滤技术平板超滤膜	HY/T 072—2003
61	卷式超滤技术卷式超滤元件	HY/T 073—2003
62	膜法水处理反渗透海水淡化工程设计规范	HY/T 074—2003

序号	标准名称	标准编号
63	中空纤维微孔滤膜装置	HY/T 103—2008
64	陶瓷微孔滤膜组件	HY/T 104—2008
65	多效蒸馏海水淡化装置通用技术要求	HY/T 106—2008
66	反渗透用能量回收装置	HY/T 108—2008
67	反渗透用高压泵技术要求	HY/T 109—2008
68	聚丙烯中空纤维微孔膜	HY/T 110—2008
69	料浆状及滤饼状氢氧化镁	HY/T 111—2008
70	超滤膜及其组件	HY/T 112—2008
71	纳滤膜及其元件	HY/T 113—2008
72	纳滤装置	HY/T 114—2008
73	蒸馏法海水淡化工程设计规范	HY/T 115—2008
74	蒸馏法海水淡化蒸汽喷射装置通用技术要求	HY/T 116—2008
75	电去离子膜堆（组件）	HY/T 120—2008
76	海水综合利用工程废水排放海域水质影响评价方法	HY/T 129—2010
77	海水水处理剂分散性能的测定分散氧化铁法	HY/T 163—2013
78	连续膜过滤水处理装置	HY/T 165—2013
79	离子交换膜第1部分：电驱动膜	HY/T 166.1—2013
80	大生活用海水应用系统设计规范	HY/T 167—2013
81	大生活用海水后处理设计规范第1部分：活性污泥法	HY/T 168.1—2013
82	大生活用海水后处理设计规范第2部分：接触氧化法	HY/T 168.2—2013
83	大生活用海水后处理设计规范第3部分：膜生物反应器法	HY/T 168.3—2013

序号	标准名称	标准编号
84	大生活用海水后处理设计规范第4部分：生态塘法	HY/T 168.4—2013
85	海水和卤水中溴离子的测定方法	HY/T 169—2013
86	海水中铁细菌的测定 MPN 法	HY/T 176—2014
87	海水中硫酸盐还原菌的测定 MPN 法	HY/T 177—2014
88	海水碱度的测定 pH 电位滴定法	HY/T 178—2014
89	海水循环冷却系统设计规范 第1部分：取水技术要求	HY/T 187.1—2015
90	海水循环冷却系统设计规范 第2部分：排水技术要求	HY/T 187.2—2015
91	海水冷却水处理碳钢缓蚀阻垢剂技术要求	HY/T 189—2015
92	铜及铜合金海水缓蚀剂技术要求	HY/T 190—2015
93	海水冷却水中铁的测定	HY/T 191—2015
94	海水环境中金属材料动电位极化电阻测试方法	HY/T 192—2015
95	海水总溶解无机碳的测定非色散红外吸收法	HY/T 196—2015
96	海水总碱度的测定敞口式电位滴定法	HY/T 197—2015
97	海水淡化膜用阻垢剂阻垢性能的测定人工浓海水碳酸钙沉积法	HY/T 198—2015
98	海水利用术语第1部分：海水冷却技术	HY/T 203.1—2016
99	海水利用术语第2部分：海水淡化技术	HY/T 203.2—2016
100	海水利用术语第3部分：大生活用水技术	HY/T 203.3—2016
101	海水利用术语第4部分：海水化学资源提取利用技术	HY/T 203.4—2016
102	固体海水	HY/T 209—2016
103	硼酸镁晶须	HY/T 210—2016
104	移动式反渗透淡化装置	HY/T 211—2016

序号	标准名称	标准编号
105	反渗透膜亲水性测试方法	HY/T 212—2016
106	中空纤维超/微滤膜断裂拉伸强度测定方法	HY/T 213—2016
107	中空纤维微滤膜组件	HY/T 061—2017
108	卷式反渗透元件测试方法	HY/T 107—2017
109	海水淡化水源地保护区划分技术规范	HY/T 220—2017
其他行业标准		
110	反渗透海水淡化装置	CB/T 3753—1995
111	反渗透水处理装置用玻璃纤维增强塑料压力壳体	JC 692—1998
112	管式海水淡化装置	CB/T 841—1999
113	常压堆海水淡化厂设计准则	HFB J0086—2003
114	喷淋式海水淡化装置	CB/T 3803—2005
115	火电厂反渗透水处理装置验收导则	DL/T 951—2005
116	MFA01 型反渗透海水淡化装置修理技术要求	HJB 401—2007
117	板式海水淡化装置规范	CB 1397—2008
118	反渗透海水淡化装置节水认证规则	CQC 32—439141—2009
119	中空纤维超滤膜组件节水认证规则	CQC 32—439142—2009
120	家用和类似用途反渗透净水机	QB/T 4144—2010
121	核电厂海水冷却系统腐蚀控制与电解海水防污	NB/T 25008—2011
122	环境保护产品技术要求膜生物反应器	HJ 2527—2012
123	环境保护产品技术要求中空纤维膜生物反应器组器	HJ 2528—2012
124	钢铁行业海水淡化技术规范第 1 部分：低温多效蒸馏法	YB/T 4256.1—2012
125	闪发式海水淡化装置	CB/T 4269—2013
126	低温多效蒸馏海水淡化装置调试技术规定	DL/T 1280—2013

续 表

序号	标准名称	标准编号
127	低温多效蒸馏海水淡化装置技术条件	DL/T 1285—2013
128	家用和类似用途反渗透净水机、纳滤净水机专用加压泵	QB/T 4697—2014
129	家用和类似用途反渗透净水机、纳滤净水机用储水罐	QB/T 4828—2015
130	柱式中空纤维膜组件	HG/T 5111—2016
131	钢铁行业海水淡化技术规范第2部分：低温多效水电耦合共生技术要求	YB/T 4256.2—2016
132	钢铁行业海水淡化技术规范第3部分：低温多效蒸发器酸洗要求	YB/T 4256.3—2016
地方标准		
133	海水苯系物的测定吹扫捕集/气相色谱–质谱分析法	DB21/T 2555—2016
134	海水淡化生活饮用水集中式供水单位卫生管理规范	DB3702/FW WJW02—2017

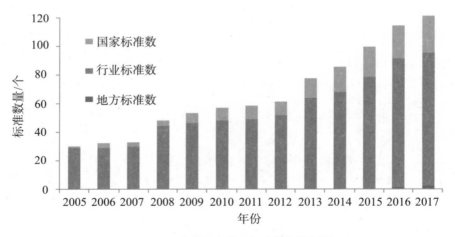

图1-18　我国海水利用标准数量增长图

（4）海水淡化标准存在问题

一是在工程制图专业标准、环境影响评测、运行和维护标准、职业管理和监测方法标准等方面均存在不同程度的缺失，无法满足现阶段海水淡化技术发展的要求；二是标准编制周期长，导致标准发布时已跟不上技术发展，降低了标准使用效率；三是标准在落实过程中，相关机构对已制定标准的宣传和贯彻执行力度不强，导致标准执行率低。因此，我们要开展海水淡化标准化战略研究，加强标准的需求分析和整体规划，根据实际需求，及时补充工程制图专业标准、环境影响评测、运行和维护标准、职业管理和监测方法标准等，保证标准体系完整性；同时，在制定标准时，编制者要及时修订稿件，管理部门要尽量简化送审程序，缩短标准编制周期，提高标准制订的时效性；现行标准应该按照5年为修订周期，并结合实际需要，对技术内容进行更新补充，保证现行标准的准确性和先进性；此外，要重视服务于海水淡化标准化领域工作者的培养，提高标准编制人员和标准化管理人员的业务水平，加大对标准的宣传和贯彻执行力度，做好海水淡化标准化工作的贯彻落实。

1.4.3　国内典型省市海水淡化发展现状

（1）山东省海水淡化发展现状

1）海水淡化工程项目多，产能大

近年来，山东海水淡化产能呈现较快发展趋势。据中国脱盐协会统计，截至2018年年底山东已建成海水淡化工程29个，产能28.26万吨/日，工程数量及淡化产能在全国均排名第二。同时，山东海水淡化装置规模趋于大型化，万吨以上海水淡化工程有5个，产能23.68万吨/日（表1-3、表1-4）。海水淡化技术以反渗透为主，有31套装置，低温多效仅有3套装置。

表1-3　山东海水淡化工程在全国占比

项目	合计		万吨级以上	
	数量/个	产能/（万吨/日）	数量/个	产能/（万吨/日）
全国	142	120.17	36	106
山东	29	28.26	5	23.68
占比（%）	21%	24%	14%	22%

表1-4　海水淡化主要省份产能及装置数量比较

地区	产能/（万吨/日）	装置数量/套
天津	31.73	9
山东	28.26	29
浙江	24.53	49
河北	17.46	10
辽宁	7.9	17

2）海水淡化示范项目建设成果显著

山东实施了一批海水淡化示范项目，推动海水淡化产业发展。2000年，国家科技部重点科技攻关项目"日产千吨级反渗透海水淡化系统及工程技术开发"在长岛建成示范工程。2003年，国家发改委高技术产业化项目"山东荣成1万吨/日反渗透海水淡化示范工程"建成投产。2004年，由原国家海洋局天津海水淡化与综合利用研究所设计的3000吨/日低温多效蒸馏海水淡化工程在黄岛试车成功，表明我国初步掌握了低温多效海水淡化技术。2007年，由国内设计的单机1万吨/日反渗透海水淡化示范工程在黄岛发电厂建成投产。2016年，首个由国内公司独自承建的10万吨/日海水淡化项目在青岛董家口建成投产。上述示范项目大都建立在"九五"到"十二五"科技攻关成果的基础上，呈现自主研发能力提高、单机生产能力大型化的趋势。

3）海水淡化产业扶持政策力度大

近年来，山东相继发布《关于加强海水利用工作的意见》《山东省人民政府关于加快培育和发展战略性新兴产业的实施意见》《山东省"十三五"科技创新规划》《山东海洋强省建设行动方案》等政策，将海水淡化列入重点发展战略性新兴产业、重点发展技术领域和海洋新兴产业壮大行动。

近年来，山东青岛政府高度重视海水淡化发展，出台了一系列支持保障性文件和资金扶持政策。2017年5月4日发布的《青岛市海水淡化项目运营财政补助办法》（青财建〔2017〕43号），明确了结算价格核定、财政补助核定、财政补助预算安排和拨付程序等事项。在海水淡化相关保障政策的支持下，青岛建成了国内最大的市政用水海水淡化项目（青岛百发海水淡化厂），同时也是全国首个取得饮用水卫生许可的海水淡化项目；建成了世界范围内相同规模中建设周期最短、投资成本最少、水价最低的海水淡化工程（董家口海水淡化项目）。

4）海水淡化产业发展基础条件优越

山东濒临渤海、黄海，海域面积达 1.596×10^{11} 米 ^{2}，海岸线长 3.345×10^6 米，海水利用条件十分优越。山东省政府高度重视海水淡化产业发展，将海水淡化列为山东省战略性新兴产业和"十三五"重点发展技术领域。山东是国内较早开展海水淡化研究和应用的省份之一，承担完成多个海水淡化示范项目，具备较好的海水淡化产业基础，具有较好的技术支撑条件。山东是海水淡化人才、技术、产业较集中的省份之一，全省涉及海水淡化技术研发及人才培养的机构有中国海洋大学、山东大学、中国石油大学、中国船舶工业总公司725所等多家高校和科研院所，有能力解决海水淡化关键领域的重大技术问题。

（2）天津市海水淡化发展现状

1）技术研发应用起步早，产业规模较大

天津是国内较早开展海水淡化的地区之一，是国内最早开始大规模发展海水淡化的地区，在我国海水淡化发展布局的规划中也一直被当作重点区域。当今海水淡化三大主流技术的反渗透、低温多效、多级闪蒸在天津均有应用。20世纪80年代，作为国内最早的2套3000吨/日多级闪蒸海水淡化装置在大港电厂投产运行；21世纪初，先后建成了北疆电厂20万吨/日低温多效海水淡化工程（图1-19）、大港新泉10万吨/日反渗透海水淡化工程和北疆电厂10万吨/日海水循环冷却工程，总体水平国内领先。

图1-19　天津北疆海水淡化厂

截止到2018年年底，天津已建成海水淡化工程规模317 245吨/日，占全国的26.68%，居全国首位。天津还是我国海水化学资源利用的传统省市之一，在海水制盐及海水提取溴、镁、钾等综合利用方面成绩显著，技术先进。

2）技术装备研发能力强，创新优势明显

在工程设计及装备制造方面，天津拥有自然资源部天津海水淡化与综合利用研究所、天津大学、天津膜天膜科技股份有限公司、众和海水淡化工程有限公司、宝成机械集团有限公司等一批从事海水淡化研究、应用与装备制造的院所、高校、企业。近年来，天津先后承担了一批国家及省部级科技攻关等科研项目，开展了自主知识产权的空纤维膜、高压泵、能量回收装置、正渗透、膜生物反应器、蒸汽热压缩技术、海水水处理药剂等研发。在国内沿海地区及海岛设计建设完成多个具有自主知识产权的海水淡化示范工程，并自主设计制造了多套3000～4500吨/日的低温多效海水淡化装置出口海外。

3）各项配套日趋完整，具备形成产业链的基础

海水预处理、材料部件生产、装备制造、工程建设以及产业服务等方面发展逐步完善，产业链上中下游比较齐全，初步具备了形成海水资源综合利用产业链的基础条件。北疆电厂首创的"发电—海水淡化—浓海水制盐—土地节约整理—废物资源化再利用"五位一体循环经济模式正在完善，海水淡化水按比例进入滨海新区市政供水管网，成为国内首个向社会供水的海水淡化项目。塘沽、汉沽两大盐场的大宗初级化工产品基本实现了就地消化，产能、技术水平等处于沿海省市优势地位。天津拥有国家海水利用工程技术研究中心、国家海水及苦咸水利用产品质量监督检验中心、中国膜工业协会液体分离膜产品检验检测中心等国家和地方研究、检测机构，整体水平先进，服务企业能力增强。

4）基础条件良好，发展前景广阔

天津是中国近代工业的发祥地，工业门类齐全，交通便利，拥有一大批工业大中型企业和产业工人，具备为海水淡化产业提供重要支撑的潜力和各项保障条件。天津产业结构不断优化，已形成航空航天、石油化工、装备制造、电子信息、生物医药、新能源、新材料、国防工业等八大优势产业，大造船、大乙烯等一批项目建成或正在建设，为海水淡化产业发展与技术应用提供了广阔的市场前景。

5）海水淡化政策环境日趋完善

天津历来重视海水淡化产业发展，继国家有关部门把天津建设成为海水淡化城市列入《国家海洋经济发展纲要》的同时，天津市对海水淡化在水资源综合利用中进行了重点支持，将其列入四大科技工程之一。《天津市建设海洋强市行动计划（2016—2020年）》明确提出："提升海水淡化设

备国产化水平，攻克关键核心技术，为海水利用技术进步积累原创资源。提高海水淡化能力，扩大海水淡化水应用规模，到2020年，全市海水淡化能力达到70万吨/日。"目前，多项政策已出台或在有条不紊地制定中。如海水淡化建设项目享受全额贴息贷款、免去海水利用企业的资源类税、免去海水淡化企业土地出让金，还有在城市基础设施建设中纳入海水淡化的专用供电、供水设施建设等。

当前，虽然天津海水淡化技术在国内处于领先水平，但是在发展中也面临着一些问题和制约因素，如自主海水淡化技术研发和应用不足、鼓励扶持产业发展的优惠政策缺失、海水淡化水大规模进入市政管网受限、大型海水淡化工程示范效应需进一步完善等。

（3）浙江省海水淡化发展现状

1）海水淡化工程项目多，产水规模大

截止到2017年年底，浙江已建成海水淡化工程41个，产水规模227 795吨/日，工程数量占全国的30.15%，居全国第一，产水规模占全国的19.16%，居全国第三。其中，千吨级至万吨级的海水淡化工程占全国的47.37%，产水规模占全国的42.55%，这突出反映了浙江海水淡化产业在全国的重要地位。见表1-5。

表1-5　浙江海水淡化工程数量及规模（单位：吨/日）占比

	合计		万吨级以上		千吨级至万吨级		千吨级以下	
	数量	规模	数量	规模	数量	规模	数量	规模
全国	136	1 189 105	36	1 059 600	38	117 500	62	12 005
浙江	41	227 795	10	179 100	18	50 000	13	3695
占比	30.15%	19.16%	27.78%	16.90%	47.37%	42.55%	20.97%	30.78%

2018年，浙石化海水淡化两期炼化项目同步实施，一期海水淡化产水量为19.5万吨/日，二期海水淡化产水量为35万吨/天，合计约54.5万吨/日，是目前国内最大的海水淡化项目。

浙石化一期海水淡化产水量为19.5万吨/日（9万吨膜法+10.5万吨热法）。其中，9万吨采用膜法海水淡化技术，主要工艺路线为混凝沉淀—V型滤池—细砂过滤—SWRO—BWRO，分别由杭州水处理中心（5×1.5万吨/日）和上海电气（1.5万吨/日）建设完成；热法海水淡化产水量10.5万吨（7×1.5万吨/日），由上海电气采用EPC模式建设，利用炼化厂的低温热水作为热源，通过热水闪蒸+低温多效蒸发耦合技术，大幅降低了热法海水淡化制水成本。目前，浙石化一期海水淡化已成功投产，为石化基地运行提供稳定的高品质淡水。

浙石化二期海水淡化产水量为35万吨/日，其中，15万吨采用膜法海水淡化技术，20万吨采用热法海水淡化技术。浙石化二期膜法海水淡化将分为两批建设，一批为12万吨（8×1.5万吨），SWRO法海水淡化装置由杭州水处理中心供货。浙石化二期20万吨（8×2.5万吨）热法海水淡化采用F-MED技术，由上海电气供货安装。

2）海水淡化产业起步较早，发展进程迅速

浙江是我国海水淡化技术研发及应用最早的省份之一。在短短的10多年中，实现了单机制造能力从百吨级、千吨级到万吨级的飞跃。1997年，"500吨/日反渗透海水淡化示范工程"在舟山市嵊泗县建成投产，成为我国首个自行设计施工的民用海水淡化工程，开创了国内反渗透海水淡化规模化应用的先例。2011年，舟山六横岛建成万吨级反渗透海水淡化示范工程，国产化率达到70%，并达到国际先进水平。2014年4月，我国自主设计建造的浙江省六横海水淡化二期工程首套12 500吨/日海水淡化项目建成投产，成为当时国内建成的最大反渗透海水淡化单机装置。

从发展进程看，在短短的10年内，浙江海水淡化产能规模翻了24倍。2006年以来，浙江海水淡化产业发展进入了快速增长期。2006年，全省已建成的海水淡化工程产能规模累计达45 750吨/日，是2005年的5.2倍；2010年，产能规模累计达100 675吨/日，是2005年的11.5倍；2015年，产能规模累计达207 795吨/日，是2005年的24倍。

3）海水淡化技术和装备产业优势明显

浙江具有国内一流的海水淡化科研和装备制造实力。拥有杭州水处理技术研究开发中心、浙江大学等一批海水淡化专业研发机构和包括中国工程院院士的一大批专业技术人才，"海水淡化膜技术应用创新团队"为浙江首批重点创新团队，浙江省海水淡化产业技术创新战略联盟和浙江省海水淡化技术研究重点实验室已批准建立。

其中，反渗透膜法海水淡化技术、膜性能和装备研制已达国内最高水平，已掌握具有自主知识产权、达到国际先进水平的万吨级反渗透膜法海水淡化装置成套制造技术。反渗透膜法技术已在水循环利用、特种分离、特种水生产等领域广泛应用。已培育了一批具有竞争力的装备制造、工程设计建设和原材料生产企业。据统计，杭州、湖州、宁波、温州、嘉兴、绍兴、台州等市涉及海水淡化装备和原材料制造的企业有200余家，仅膜产品销售额已达40亿元（全国市场总额约300亿元）。

4）海水淡化应用，市政用水和工业用水并重

长期以来浙江海水淡化工程一直以市政用水为主，主要为海岛居民生活服务。但近两年来，这一情况已发生根本性变化。从工程项目数看，海岛型民用海水淡化工程仍占多数。2015年，在浙江已建成的40项海水淡化工程中，除台州市玉环华能电厂、温州市乐清电厂、浙能舟山六横电厂等7个电水联产工程外，其余皆属于海岛型民用海水淡化工程，占比高达82.5%。从产水规模看，由于2014—2015年，连续有5个海水淡化电水联产工程相继建成，浙江的海水淡化工程规模已从原先的以市政用水为主演变为以工业用水为主。2015年，浙江海水淡化工程产水规模为207 795吨/日，其中，7个海水淡化电水联产工程产水规模131 600吨/日，占比已达63%。这一变化显示了浙江海水淡化工程应用的两重属性：一方面，众多的中、小型海水淡化工程满足了海岛居民的生活用水需要；另一方面，少数电水联产的大型海水淡化工程在解决工艺用水或锅炉补给水供给的同时，还扩大了沿海地区的淡水资源，促进了水资源结构的优化。这一特点反映了浙江海水淡化产业发展已进入新阶段。

5）海水淡化产业发展试点种类多，成效显著

为促进我国海水淡化产业健康快速发展，国家发改委决定开展海水淡化产业发展试点示范工作，并于2013年2月公布了试点单位名单。在全国第一批8家试点单位中，浙江舟山市、杭州水处理技术研究开发中心有限公司、温州市洞头县鹿西岛榜上有名，分别被列为试点城市、产业基地和试点海岛。8家试点单位中浙江占了3家，这既是对浙江的期望和要求，也为浙江海水淡化产业的发展注入了新的动力。目前，试点工作已取得了显著进展：舟山市根据国家发改委对海水淡化试点城市的要求，以"一城五岛"为布局重点，加快实施一批重点领域示范工程建设；杭州水处理技术研究开发中心坚持"统一规划、合理分工、重点突破"原则，设立专项管理组织，积极推进生产基地、研发中心及产业联盟三大建设；鹿西岛的新能源海水淡化一体化试点，在风光互补发电系统、海水淡化供水运营模式等方面进行了探索，为海岛的风、光、海水资源综合利用积累了宝贵的经验。

（4）河北省海水淡化发展现状

截止到2018年年底，河北已建成海水淡化工程规模173 500吨/日，占全国的14.59%，居全国第四。

当前，河北海水淡化工程主要包括大唐王滩电厂7200吨/日反渗透海水淡化工程、国华沧东电厂3.25万吨/日低温多效海水淡化工程、首钢京唐钢铁厂5万吨/日低温多效海水淡化工程以及曹妃甸阿科凌5万吨/日反渗透海水淡化项目等。

首钢京唐钢铁厂5万吨/日低温多效海水淡化工程2010年建成。工程采用法国SIDEM公司技术，利用钢铁厂炼钢余热生产淡水，海水淡化后浓海水排入唐山三友化工进行综合利用。

曹妃甸阿科凌5万吨/日反渗透海水淡化项目2011年建成，采用挪威阿科凌公司技术。该工程利用华润曹妃甸电厂余热进行海水提温以满足反渗透系统的进水需求，海水淡化后浓海水排入南堡盐场进行浓海水制盐和盐化工制碱。见图1-20。

图1-20　曹妃甸阿科凌海水淡化有限公司生产车间

　　国华沧东电厂低温多效海水淡化工程分两期建设完成。一期工程装机规模2×1万吨/日，采用法国SIDEM公司的全套设备，2006年投入使用。二期工程由国内相关单位在对进口装备消化吸收的基础上建成，装机规模1.25万吨/日，于2008年年底交付使用。目前国华沧东电厂海水淡化工程日供水能力为3.25万吨。其中，1万吨用于本厂区的生产和生活用水以及灌装饮用；约1.5万吨对外供应渤海新区工业企业，供水标准为高纯度锅炉补给水，价格为6.5元/米^3。此外，电厂建设了2.5万吨/日低温多效海水淡化工程，由上海电气设计建造，已于2013年年底竣工投产。

　　除海水淡化外，河北还积极发展地下苦咸水淡化。2000年在沧州建设完成当时全国最大的1.8万吨/日苦咸水淡化装置。在2003年水利部"苦咸水淡化技术应用推广"项目的示范和带动下，发展小型苦咸水淡化点334处，解决了36万人的饮用水安全问题。

1.5　海水淡化技术现状及其发展趋势

1.5.1　海水淡化技术现状

海水淡化技术的发展与工业应用，已有半个多世纪的历史，各种海水淡化技术在世界舞台上百花齐放，在此期间形成了以反渗透、多级闪蒸和低温多效蒸发为主要代表的工业技术。多级闪蒸技术虽有动力消耗大的缺陷，但由于技术成熟、运行可靠，仍有大量应用；低温多效蒸馏技术由于更加节能，近年发展迅速，装置的规模日益扩大，成本日益降低；反渗透海水淡化技术发展更快，工程造价和运行成本持续降低，对海水水质的适应范围、系统稳定性尚有进一步提高的空间。

从全球来看，截止到2017年，全球海水淡化技术中反渗透占总产能的65%，多级闪蒸占21%，电去离子占7%，电渗析占3%，纳滤占2%，其他占2%。

从国内来看，截止到2017年年底，国内海水淡化技术中反渗透占总产能的68.43%，低温多效占31.04%，其他占0.53%。由此可见，无论国内还是国外，反渗透技术都是海水淡化技术的主流。另外，在"热法"技术应用中，国际上以多级闪蒸技术为主，而国内则以低温多效技术为主。

1.5.2　海水淡化技术发展趋势

（1）反渗透法和蒸馏法是目前海水淡化的主要技术路线

蒸馏法中的多级闪蒸技术今后不会有突破性进展，而且能耗较大，从投资、材料、能耗、运行管理等方面考虑，难以适合我国国情。反渗透法则是近10多年来发展最快的淡化方法。1990年后，随着反渗透膜性能的提高、价格的下降，高压泵和能量回收效率的提高，反渗透法成为投资最省、成本最低的海水淡化技术，1997—2008年复合增长率为17%。

（2）加强关键设备的研制与研发、新材料的研发与应用

关键设备重点是高压泵、能量回收装置的改进，提高造水比、出水水质和能量使用效率；新材料重点是膜，特别是石墨烯、水孔蛋白、碳纳米管和其他新的潜在膜材料的研究。当然，在近期，其中的任何一种都难以取代现在广泛使用的复合聚酰胺薄膜技术。针对目前的反渗透膜，开发高通量、高脱盐率、低压、耐污染的膜成为研究方向，如美国宾夕法尼亚州立大学原子中心主任与日本信州大学的研究人员合作，开发出一种基于石墨烯的脱盐膜，比目前的各种过滤膜更坚固耐用、效率更高，可用于海水淡化、蛋白质分离、废水处理以及制药和食品工业等。

（3）改进工艺流程，提高海水淡化工程的建设能力

能源成本的增加使工厂操作中每个反渗透膜的元件中达到最优值变得愈发重要，需要开发新的检测设备和控制技术，通过更加精确地监测控制和优化改善处理水质以应对不断变化的原水水质、膜老化和能源损耗。同时，要加强各种海水淡化技术的集成和优化组合，加强海水淡化与浓海水综合利用的集成，设计开发效率更高的新型海水淡化（集成）装置。例如，虽然反渗透技术仍将是大部分市政项目和大型系统的主要技术，但是通过它与正渗透、膜蒸馏、电渗析或其他工艺结合，可提高预处理或水回收利用的水平。

（4）太阳能海水淡化进入实质性应用阶段

太阳能海水淡化是应用集热技术或将太阳能转变成电能，供给海水淡化所需的全部或部分能量制取淡水的方法。由于太阳能系统与海水淡化技术易于结合，实现了用能方式、结构形式的多样化，使太阳能海水淡化技术逐渐走向成熟（图1-21）。按照太阳能利用方式不同，太阳能海水淡化方法可分三类：① 直接蒸馏法，即直接用太阳能加热海水，蒸馏制得淡水；② 光热转换利用，用集热器将光能变成热能驱动海水的相变过程，即热法太阳能海水淡化法（如多级闪蒸法、低温多效蒸发法、蒸汽压缩法）；③ 光电转换利用，用太阳能电池将光能变成电能驱动海水膜过滤（如反渗透法、电渗析法）。太阳能发电又分为光热发电和光伏发电。其中光伏发电按其应用形式分为独立发电和并网发电两类，其利用关键是光伏电池技术、光伏发电成本以及与海水液化系统的对接等。

目前，国内已实施各类太阳能海水淡化技术研发，但其应用装置规模较小。近年来国际上出现一些新动向，已开始建立规模化工程。如沙特阿拉伯开始建造世界上最大规模的太阳能反渗透海水淡化项目Al-Khafji。根据规划，该项目一期在建产水规模6万米³/日；二期还将建设更大规模，最终在全境建设数个太阳能海水淡化厂，实现为沙特阿拉伯全境农业供水。随着太阳能技术进步，太阳能成本降低，最近ACWA国际电力以0.06美元/（千瓦·时）的价格赢得了200兆瓦的太阳能发电项目，为太阳能海水淡化的发展提供了广阔市场空间。

图1-21　摩洛哥阿加迪尔太阳能海水淡化厂

（5）风能海水淡化示范项目开展应用

风能作为清洁、可再生能源，利用日益广泛和深入，成为未来替代矿物燃料的主要新能源之一。风能海水淡化分为直接法和间接法。直接风能海水淡化是指直接利用风力的机械能，即风力涡轮的旋转能驱动反渗透或机械蒸汽压缩单元海水淡化水。这种直接连接存在一些问题，如风力波动会影响泵的流量或压缩机的稳定。间接风能海水淡化利用风力发电的电能来驱动后续的脱盐单元（包括反渗透、机械蒸汽压缩或电渗析）海水淡化水。基于风速时常变化，风能供应不稳定，具有间歇性、波动性的自然特点，将风能直接用于海水淡化需要克服一些必要的技术限制。目前世界各地虽已有许多案例，但大都规模较小，主要用于研究性质的示范。

非并网风电海水淡化技术将风电与新型海水淡化直接耦合。主要采取以下两种供电模式：① 风网协同供电，风电100%全利用；② 风蓄协调供电，储能系统配置全功率的20%以下，当风电较小时，储能系统与风电协调供电，维持系统稳定运行。

该技术国际上已有部分研究。在国内，国家973计划风电项目"大规模风电系统的基础研究"在此方面取得了一定成绩，突破传统电网为中心的供电形式，以海水淡化变工况运行为核心，使风电不并网协同供电，互不干扰，柔性对接，在保证风电优先、高效、低成本全部利用的前提下，不足部分由网电自动补充，保证海水淡化系统持续稳定运行。该成果已经在江苏大丰万吨级非并网风电海水淡化项目中得到应用（图1-22）。

图1-22　大丰市非并网风电海水淡化项目

海水淡化在推进生态文明建设中的战略意义

2.1 海水淡化资源在国家生态文明建设中具有重要作用

生态文明是物质文明、政治文明、精神文明、社会文明的重要基础和前提，没有良好和安全的生态与环境，其他文明就会失去载体。水资源是人类生存和发展不可或缺的一种宝贵资源，是经济社会可持续发展的重要基础。

当前，面对资源约束、环境污染、生态系统退化等形势，生态文明建设成为建设美丽中国、实现中华民族伟大复兴和永续发展的必然要求。党的十八大将生态文明建设与经济建设、政治建设、文化建设、社会建设并列，形成中国特色社会主义"五位一体"的总体布局，并首次提出建设海洋强国的重要战略部署。党的十九届四中全会将"坚持和完善生态文明制度体系，促进人与自然和谐共生"列为推进国家治理体系和治理能力现代化的重大问题，要求全面建立资源高效利用制度。

水资源的合理配置和可持续利用是经济社会可持续发展的根本前提，也是生态文明建设的先决条件，海水是海洋资源的重要组成部分，也是淡水资源的重要补充和储备水源。通过海水淡化技术，将海水去除盐分，生产高品质海水淡化水，可以满足居民生活、工业生产等用水需求。针对目前水源污染、地下水超采、生态用水被大量挤占的现状，大力开发海水淡化等非常规水源是开源增量、解决缺水根源的有效途径。通过海水淡化水进入市政供水管网、工业点对点海水淡化水供给等方式，实现水资源优化配置和可持续利用，可充分发挥有海水淡化水参与的多水源供水系统在生态文明建设中的基础保证作用，对于实现经济社会可持续发展具有重要保障作用。

2.2 海水淡化是解决水资源短缺所引发的生态环境问题的重要措施

当前，我国生产、生活和生态用水之争日益激烈，粮食安全受到严峻挑战。按目前的正常需要，在不超采地下水的情况下，正常年份全国缺水量达每年500亿立方米，全国600多座城市中2/3供水不足，严重缺水城市110座。北方"严重缺水"和"缺水"的12个省份，占全国农业产出的38%、发电量的50%、工业产值的46%。实际是长期靠牺牲生态环境用水来维持经济社会发展用水需求。京津冀人均水资源量远远低于国际"严重缺水"的警戒线，70%用水依靠地下水超采，平均生态用水赤字高达90亿立方米。

党的十九大报告特别强调"确保国家粮食安全，把中国人的饭碗牢牢端在自己手中"。我国50%的耕地处于干旱半干旱地区，水资源保障在粮食安全中举足轻重，目前农业抵御洪旱灾害的能力远远不够。据统计，1970年以来每年都有干旱、洪灾发生，严重时受旱面积超过全国耕地的1/3，最小年也接近1亿亩，每年平均减产粮食200亿千克，黄河流域的粮食减产尤为严重。近30年来全国总供水量的增加重点保障工业和城市需要，农业用水所占比重从1980年代的85%降至2016年的62%，但农业节省出来的水资源依然无法满足工业化和城市化的发展。黄河分水协议早就面临配额指标远远不够的压力，生产着中国56%的小麦、25%的玉米的冀鲁豫三省，必须靠超采地下水才能维持粮食生产，山东东营稻农已被迫改养羊或种棉花。随着深层地下水的严重超采，华北平原已成全世界最大的漏斗区。

中国科学院测量与地球物理研究所利用重力卫星的最新观测发现：华北平原地下水超采已高达每年60亿～80亿吨，80%以上是难以恢复的深层地下水，超采面积高达7万多平方千米，全国地下水超采已扩大到30多万平方千米。地下水超采不像黑臭水体、空气污染能马上感觉到，但其后果却非常严重：河道断流、湖泊干涸、湿地萎缩、地面沉降、海水倒灌，进而导致地下水水质持续恶化。目前全国已有50多个城市发生地面沉降和地裂缝灾害，沉降面积高达9.4万平方千米；沿海地区频频发生海水倒灌，造成群众引水困难、土地盐渍化、农田减产或绝收，其中环渤海地区发展最为迅速，海水倒灌面积高达2457平方千米，比20世纪80年代末增加了62%。见图2-1。

地面沉降 　　　　　　地面裂缝

图2-1　超采地下水带来严重生态环境问题

山东沿海地区，水资源十分匮乏，经济社会发展通过超量使用水资源得以实现，区域内部分地市地下水超采严重，导致大量环境问题，如地下水位大幅度下降，形成了大面积地下水降落漏斗，最大埋深达46.22 m。据最新调查评价，山东省地下水超采主要有浅层孔隙水超采和深层承压水超采两种类型。全省共有浅层孔隙水超采区8处，涉及德州、聊城、济宁、泰安、威海、烟台、潍坊、淄博、东营、滨州10个市，超采区总面积10 433平方千米。深层承压水超采区主要分布于鲁西北黄泛平原区，涉及济南、淄博、东营、济宁、滨州、德州、聊城、荷泽8个市，超采区总面积43 408平方千米。多年来持续超采地下水，开采地下水的条件恶化，浅层地下含水层厚度相应减少，导致单井出水量减少。部分沿海地区海（咸）水与地下淡水体交界面一带原来的水位平衡关系被打破，造成海（咸）水入侵。此外，随着区域废、污水排放量的增加，环境负担不断加重，污染问题日益严重。大量的工业废水、生活污水未经处理直接或间接地排入河流、湖泊；同时，为提高农作物产量，大量施用的化肥、农药随地表及地下径流排入水体，水质不断恶化。水污染程度不断加剧，严重影响了人民群众的身心健康，工农业生产遭受巨大损失，更加大了水资源开发利用的难度，进一步加剧了水资源的供需矛盾。

面对上述生态环境问题，杜绝对地下水的超量开采利用，当务之急不仅仅是"节流"，更重要的是"开源"。对山东省来说，减少沿海地区外调水使用量，在全省范围内实现水资源平衡是实现水生态环境修复的根本措施。海水淡化作为开源增量水资源，是实现山东半岛水资源供需平衡的最重要措施，能够有效解决水资源短缺引发的生态环境问题。

2.3 海水淡化对于山东半岛黄河生态文明具有重要战略意义

2019年9月18日，中共中央总书记习近平在郑州主持召开黄河流域生态保护和高质量发展座谈会并发表重要讲话，强调黄河流域是我国重要的生态屏障和重要的经济地带，是打赢脱贫攻坚战的重要区域，在我国经济社会发展和生态安全方面具有十分重要的地位。保护黄河是事关中华民族伟大复兴和永续发展的千秋大计。党的十八大以来，党中央着眼于生态文明建设全局，明确了"节水优先、空间均衡、系统治理、两手发力"的治水思路，黄河流域经济社会发展和百姓生活发生了很大的变化。同时也要清醒地看到，当前黄河流域仍存在一些突出困难和问题，生态环境脆弱，水资源保障形势严峻，发展质量有待提高。

山东半岛人口众多，人均水资源占有量不足448立方米，仅为全国人均水资源占有量的1/5，低于国际缺水的警戒线，且地处我国南北气候过渡带，降雨时空分布不均，年际变化剧烈，水资源开发难度大，人口分布、经济布局与水资源条件不匹配。引黄河水、引长江水等跨流域调水成为保障山东半岛水资源供应的主要方式。2017年，山东省跨流域调黄河水量达到58.96亿立方米，占2017年地表水供水量的54.81%，为山东省沿黄各市的主要供水水源，2017年黄河入海水量仅为89.58亿立方米，山东半岛黄河的水资源总量及保障形势极为严峻。

近年来，随着沿海地区新一轮开发战略的实施，以及城镇化及岸线利用加快，港口、港城和临港产业协调发展的推进，山东半岛沿海区域对淡水资源的需求势必会进一步增长。同时，在沿海已建或规划建设一定数量的火力发电厂、石油化工厂等也产生了大量的淡水需求。在保护黄河生态文明的国家战略下，减少对黄河的跨流域调水是保护黄河生态安全的重要措施。

海水淡化水作为稳定的水资源增量与替代水源，能够减少对黄河水的调用，通过优化水资源配置方案，可以改善区域水资源结构。同时，对于山东半岛地下水超采地区，减少地下水开采具有显著的生态效益。海水淡化是落实习近平总书记关于黄河流域生态保护和高质量发展的重要实践，对于保护山东半岛黄河生态文明具有重要战略意义。

2.4　海水淡化对于保障沿海缺水城市水源安全具有重要意义

　　2014年开始，山东胶东半岛的烟台、威海、潍坊、青岛等地降水持续偏少，干旱持续发展。2017年极端干旱情况下，各地平均降水较历年同期偏少近三成，95座大中型水库中有30座低于死水位，蓄水量较历年同期偏少五成多，小型水库几乎全部干涸，绝大部分河道断流，各地四成以上的农作物受旱，城市水源也面临严重短缺。见图2-2、图2-3。

图2-2　干涸的产芝水库　　　　　　　图2-3　干涸的大沽河

　　以青岛市为例，青岛市多年平均水资源量21.5亿立方米。亩均耕地占有量341立方米，是全国平均水平的24%，世界平均水平的12%；人均水资源占有量247立方米，是全国平均水平的11%，世界平均水平的3%，远远少于世界公认的人均500立方米的绝对缺水标准。青岛市不仅是缺水城市，也是全国最严重的缺水城市之一。见图2-4。

　　青岛市降水量年际变化具有连丰、连枯的特点。从青岛站1899年以来的观测资料分析，青岛市降水量的丰、枯变化周期为60年左右，丰、枯期各为30年左右。自1916年起青岛市进入枯水期，至1946年进入丰水期，1976年起再次进入枯水期，至2007年起又会转入下一个丰水期。而且，在每一个丰、枯水期内又有若干个较小的丰、枯水段。其中偏大、偏小值可达20%以上，特丰年或特枯年常发生在连续丰、枯水期内。见图2-5。

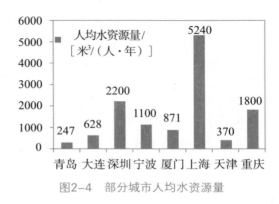

图2-4　部分城市人均水资源量

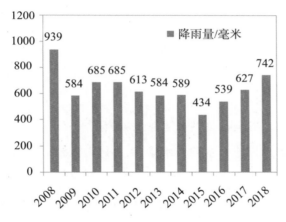

图2-5　青岛市2008—2018年降雨量

　　正常年份情况下，山东省南水北调局按工程设计、各市承诺水量及批准的年度调水计划水量，向青岛市供客水2.395亿立方米（其中黄河水1.095亿立方米，长江水1.3亿立方米）。由于本地水源不足，2015年、2016年、2017年青岛市分别使用客水3.21亿立方米、4.72亿立方米、4.45亿立方米。2014年以来，青岛市连续遭遇严重干旱，淡水资源严重不足，本地城市供水水源已到死库容，虽已加大引黄引江水源调配水量，仍无法满足城市正常用水需求，部分地区进行了限水和停水。青岛水资源已处于不安全状态，一旦发生突发状况，城市供水将面临工业企业大规模停产、居民无法正常生活等危机。

当前，山东半岛沿海烟台、威海、潍坊、青岛等城市总体依靠引黄工程引水，青岛市城市用水引黄引江客水比例达到95%以上。引黄引江存在夏季干旱期，引黄济青沿线周边多市取水，各地市调水量不足，冬季寒冷期引水流量仅5～10米³/秒，只有正常引水流量的1/3。过度依赖客水存在受制于人、保证率低、受环境影响大等问题。海水淡化可以在短期内增加城市供水量，缓解供水压力，发展海水淡化是沿海缺水城市增加供水储备的当务之急。海水淡化水是水资源的重要补充和战略储备，尤其在极端条件下是提高供水安全的重大战略举措，作为山东半岛沿海地区的新水源，是保障城市供水安全的必然选择。

2.5 海水淡化对于改善城市供水水质具有积极意义

2017年，山东省全省总供水量为209.47亿立方米。其中，地表水源供水量121.08亿立方米，地下水源供水量79.71亿立方米，其他水源供水量8.68亿立方米。全省海水直接利用量59.03亿立方米。2017年全省跨流域调水量66.36亿立方米，占地表水供水量的54.81%，其中黄河水58.96亿立方米，南水北调水7.40亿立方米。黄河水为山东省沿黄各市的主要供水水源，南水北调水已成为山东省胶东地区重要供水水源之一。见图2-6。

■ 当地地表水 ■ 跨流域调水 ■ 地下水 ■ 其他水源

图2-6 2017年山东省供水总量分水源百分比

南水北调东线是从长江引水，经过淮河、洪泽湖，到骆马湖，再到南四湖。因为利用历史上形成的现有的河湖水系，水质存在波动，引江水原水水质指标如硫酸盐、氨氮等相对偏高。

海水淡化处理工艺比常规自来水处理工艺更精深。按照青岛水务集团水质监测中心的监测数据，总体上，海水淡化水硝酸盐、耗氧量、总有机碳及各种有机物等含量明显低于自来水。海水淡化水按一定比例与自来水混合，有利于降低城市供水硝酸盐、耗氧量、总有机碳及各种有机物等指标含量，改善水质。另外，海水淡化水总硬度、电导率远小于常规自来水相应指标，饮用口感相比自来水要好。在沿海缺水城市，海水淡化水按一定比例与自来水混合，总体上有利于改善城市供水饮用口感。见表2-1。

表2-1　青岛市某月份不同原水监控点与海水淡化水监测部分对比值（单位：毫克/升）

序号	监测项目	指标限值	取样监测点						
			白沙河	仙家寨水厂一期原水监控点	仙家寨水厂二期原水监控点	棘洪滩出水	洪江河	崂山水厂原水监控点	淡化海水
1	氨氮（NH$_3$-N）	0.3	0.19	0.15	0.16	0.34	0.40	0.14	<0.02
2	硫酸盐	250	189.0	191.9	77.8	197.8	188.2	33.0	<0.15
3	总硬度	450	265.8	270.7	176.7	281.9	281.9	110.2	16.7

3 海水淡化保障国家水资源安全的应用场景

3.1 海水淡化作为沿海省市储备战略用水的应用

"十三五"时期是我国海水利用规模化应用的关键时期。2017年，国家发展改革委、原国家海洋局联合发布《全国海洋经济发展"十三五"规划》，提出在确保居民身体健康和市政供水设施安全运行的前提下，推动海水淡化水进入市政供水管网，积极开展海水淡化试点城市、园区、海岛和社区的示范推广，实施沿海缺水城市海水淡化民生保障工程。在滨海地区严格限制淡水冷却，推动海水冷却技术在沿海电力、化工、石化、冶金、核电等高用水行业的规模化应用。《全国海水利用"十三五"规划》明确提出："海水是重要的资源，海水利用是解决我国沿海水资源短缺的重要途径，是沿海水资源的重要补充和战略储备。"海水淡化作为战略储备水源，主要战略储备用途表现在4个方面。

3.1.1 海水淡化是沿海缺水城市客水资源不足的战略储备

按照国家重大海洋基础工程"我国近海海洋综合调查与评价"专项

报告数据，我国大陆11个沿海省（自治区、直辖市）所辖的52个沿海城市中，极度缺水的有18个，重度缺水10个，中度缺水9个，轻度缺水9个，近90%的城市存在不同程度的缺水问题。

当前，解决沿海缺水城市水资源短缺的主要措施为远距离调水。随着经济社会发展对水资源需求量的不断增加，黄河分水、南水北调对沿线城市的配额指标已经远远不够。海水淡化作为增量开源技术，可将无限的海水进行淡化。海水淡化厂可建设为备用水源，随时做好客水不足情况下的战略储备。

3.1.2 海水淡化是沿海城市应对干旱气象保障用水安全的战略储备

近些年来，随着全球气温升高，极端天气频发。2004年、2010年、2014年、2017年我国都发生了大范围的极端干旱气象灾害，降雨严重不足。以山东省为例，2010年的严重干旱，青岛、淄博、枣庄、潍坊、日照、临沂和菏泽等13个城市32万人和13万头大牲畜暂时饮水困难，全省391座小型水库干涸（图3-1），366条河流断流，3万多口机井出水量明显不足。2014年为山东降

图3-1 青岛莱西产芝水库今昔对比图

水量近10年最少年份，6月份，山东省降水量比历年同期偏少近五成，7月份，全省8500多万亩农作物中有1282万亩受旱，50余万人出现临时性饮水困难。

长期无有效降雨和持续干旱的情况，导致人民生产生活用水大幅增加，地下水位呈加速下降趋势。日产10万立方米的海水淡化厂就可解决50万人的日常用水需求，海水淡化作为战略储备水源，能够极大保障沿海城市在干旱气象条件下的供水安全。

3.1.3　海水淡化是应对沿海地区水资源不均衡的重要措施

我国水资源流量总体上年际差别大，年内分配则更为悬殊，致使洪旱灾害的威胁特别严重。地表径流在时间上的集中程度反映了水资源的优劣。我国每年汛期（5月～8月）的地表径流量占全年70%左右（海河、黄河部分地区超过80%），使本来就严重不足的水资源量中，2/3以上都是威胁人们生命财产安全的洪水径流量，而冬春季节的枯水又导致农业干旱。

对于沿海城市，在地表径流不均导致水资源不均衡的情况下，海水淡化作为不受时空限制可无限产水的备用水源，可以起到调节城市水资源平衡的重要作用。

3.1.4　海水淡化可以作为极端突发事件的应急战略储备水源

当前，我国正处于"决胜全面小康社会、建设社会主义现代化强国、实现中华民族伟大复兴"的关键阶段，面临复杂的国际环境，沿海城市必须做好极端突发事件的各项准备。水资源是重要的战略资源，海水淡化可以作为常规水源的应急战略储备。

3.2 海水淡化在保障沿海缺水城市供水的应用

3.2.1 国际上海水淡化在保障城市供水的应用

海水淡化水具有洁净、高纯度以及供给稳定的特点，是安全可靠的高品位水源。在全球海水淡化水最大的市场——海湾国家，集中了大型海水淡化工程，海水淡化产能居世界前列。其海水淡化水的86%用于市政供水，许多居民饮用海水淡化水已经长达25年之久。科威特、卡塔尔、沙特阿拉伯、阿曼、阿联酋、巴林、伊朗、伊拉克、以色列都制定了用海水淡化水作为市政供水的政策。其中，科威特和卡塔尔几乎全部用海水淡化水作为饮用水。沙特阿拉伯是世界海水淡化水产量最大的国家，其海水淡化水产量占世界海水淡化水产量的30%。沙特阿拉伯属干旱沙漠气候，全年降水稀少，境内又无淡水河流，其生产和生活70%的用水为海水淡化水。目前沙特阿拉伯拥有海水淡化水输送管道4157千米、泵站29座，沙特阿拉伯舒艾巴海水淡化厂的设计规模为88万米^3/日。阿联酋通过加快发展大型淡化装置以满足不断增长的城市用水需要，已成为世界上人均海水淡化水拥有量最多的国家。

以色列自20世纪60年代起就积极致力于海水淡化技术的研究。自1999年起，在政府的大力鼓励与扶持下，以色列相关企业开始通过海水淡化彻底改变国家缺水的状态。目前以色列已拥有先进的海水淡化技术和设备，海水淡化水在供水结构中所占份额不断增大。以色列建立集中水输送系统，由北方的水源地集中输送至南部及半干旱水资源短缺地区。目前以色列70%的市政供水来自海水淡化，2020年计划整个以色列的海水淡化水源将完全替代水库水源，海水淡化水将100%覆盖全国用水要求。

美国部分地区淡水资源短缺，尤其是加利福尼亚州、得克萨斯州及佛罗里达州的淡水资源短缺尤为严重，用水问题已成为制约当地社会及经济发展的"瓶颈"。反渗透海水淡化成为解决当地淡水资源短缺问题的重要技术，得到了大范围的应用。反渗透海水淡化工程占所有已建海水淡化工程总装机规模的97%，应用于市政、电力、旅游、军事等领域。其中市政供水应用占比达到89.5%，电力占比6.9%，旅游占比2.5%，示范占比0.5%，军事占比0.4%，灌溉占比0.2%。同时，美国是膜生产大国，聚集了陶氏、海德能、GE、Koch等国际著名反渗透膜品牌。

3.2.2 国内海水淡化在保障城市供水的应用

在"建设海洋强国""东部率先发展""海上丝绸之路""京津冀协同发展"等战略的推动下，中国海水淡化技术进入快速发展期。《全国海洋经济发展"十三五"规划》提出，在确保居民身体健康和市政供水设施安全运行的前提下，推动海水淡化水进入市政供水管网。

天津北疆电厂是国内首个海水淡化水大规模进入市政管网的项目，采用低温多效海水淡化技术，海水淡化水日均供水量为6000立方米左右，90%以上向社会供应。天津大港新泉海水淡化有限公司总处理规模为15万米³/日，采用反渗透海水淡化技术。

山东是全国海水淡化应用最广泛的省份之一，淡化技术以反渗透和低温多效蒸馏为主，大型海水淡化项目主要分布在青岛、烟台和威海3个城市。青岛海水淡化能力已达到日产23万立方米以上，占全国总量的近1/6。青岛百发海水淡化厂海水淡化项目设计淡水日产量为10万吨。2017年极端干旱影响下，青岛百发海水淡化厂最高日供水量达到10.5万立方米，成为国内首个实现满负荷运行的万吨级海水淡化项目。现阶段，青岛百发海水淡化厂已成为青岛市供水调峰调压的主要来源，为城市安全供水提供了坚实保障，同时有效改善调节了市政供水水质。

浙江海水淡化技术研发长期以来处于领先地位。截止到2017年年底，浙江已建成海水淡化工程41个，产水规模22.78万米³/日。经过多年培育，舟山海水淡化工程取得了长足的发展，已建成海水淡化工程37个，产水规模11.42万米³/日，海水淡化技术的产业化应用走在了我国沿海缺水城市的前列。

3.2.3 海水淡化在保障沿海缺水工业园区用水的应用

随着工业化进程推进，我国消耗了大量的能源资源，环境资源约束瓶颈凸显。要破解环境资源约束瓶颈，实现经济高质量发展，我们必须坚决摒弃以牺牲生态环境换取一时一地经济增长的做法，加快构建绿色循环低碳发展的产业体系，走工业绿色发展道路。目前我国高耗水行业呈现向沿海集聚的趋势，沿海部分地区存在地下水超采和水质性缺水严重等问题，急需寻找新的水资源增量，积极开发利用海水淡化等非常规水源成为保障沿海地区可持续发展的重要途径。海水淡化水作为一种高品质的海水淡化水，具有低盐、低电导、低硬度等特点，工业用户使用海水淡化水后，可以直接降低其后处理的运行费用，减少运行成本。

以华电青岛发电有限公司为例（表3-1），在相同水价，折算系数为1.2的情况下，使用海水淡化水的成本将比使用工业自来水成本节约1.211 2元/吨。

表3-1　华电青岛用水初步成本测算

	运行过程		清洗过程	水量	运行电耗	膜设备折旧	
	絮凝剂	阻垢剂	清洗剂	回收率		寿命	吨水费用
自来水时原用量	$2 \times 10^{-6} \sim$ 6×10^{-6}	3×10^{-6}	4×10^{-6}	70%~75%		5年	0.1
海水淡化水时用量	$0 \sim 1 \times 10^{-6}$	1.5×10^{-6}	1×10^{-6}	85%~90%	减少10%	8年	0.062 5

续 表

	运行过程		清洗过程	水量	运行电耗	膜设备折旧	
	絮凝剂	阻垢剂	清洗剂	回收率		寿命	吨水费用
吨水降低值	1×10^{-6}	1.5×10^{-6}	3×10^{-6}				
估计单价/（元/米³）	1200	30 000	15 000	提升15%	因无专门计量且占比较小，此次不计入测算		
吨水费用降低/元	0.001 2	0.045	0.045				
小计	0.091 2			折算系数就低计算1.2			0.04

国内海水淡化保障沿海缺水工业园区的实例有黄骅电厂1.25万吨/日低温多效海水淡化装置、首钢京唐公司5万吨/日热法海水淡化工程、沧东电厂三期2.5万吨/日海水淡化项目。2018年至今，大连恒力、浙江石化等沿海大型炼油项目配套大型海淡工程也陆续上马。

青岛水务碧水源海水淡化有限公司是由青岛水务集团和北京碧水源科技股份有限公司在2015年青岛极度干旱时用10个月合作建成的一个应急工程。项目的建成，打破国内大型海水淡化项目被国外公司垄断的局面，实现海水淡化关键技术的突破，为国家淡水资源紧缺提供新的解决方案和应急方案。青岛董家口经济区海水淡化项目设计淡水日产量为10万吨，2018年实际供水2500万吨，良好地满足了董家口经济区园区工业用水需求。

图3-2　青岛水务碧水源海水淡化厂

富查伊拉Ⅱ海水淡化厂，位于阿联酋东侧濒临阿拉伯海的富查伊拉酋长国的Qidfa工业区。富查伊拉海水淡化厂是目前世界最大的热膜耦合海水淡化工厂，也是200万千瓦发电厂的一部分。该淡化厂总产能59万吨/日。热法不再采用多级闪蒸技术，升级为多效蒸馏技术，总产能45.5万吨/日；膜法采用反渗透技术，产能13.6万吨/日。

3.3　海水淡化在保障海岛居民供水的应用

海岛是我国国土资源的重要组成部分，在维护国家主权、开发海洋资源、保护生态环境等方面具有重要的战略地位。我国共有海岛11 000余个，海岛陆域总面积约77 000平方千米，占我国陆地面积的0.8%；有居民海岛452个，海岛淡水资源匮乏，淡水基础设施建设严重不足，约占有居民海岛总数92.4%；无居民海岛213个，约占无居民海岛总数的19%。其中，已建成投入使用的水库和大陆矿水工程分别为494个和89个。

国家"十三五"规划纲要明确提出，拓展蓝色经济空间，探索海洋资源的优化开发。海洋即将成为开拓发展的新空间，海岛作为海洋经济的重要载体，正在迎来开发热潮。随着海岛经济社会发展，企业不断集聚，居民、旅游人数增多，海岛水源性和水质性缺水双重问题逐步凸显，淡水资源保障压力明显增大，亟须寻找新的水资源增量，确保水资源安全供给。

　　海水淡化作为水资源开源增量技术，具有水质好、占地少、供给稳定、规模灵活和水安全保障度高等优势。海岛海水淡化工程作为重要的基础设施，可有效缓解海岛居民用水问题，为缺水海岛提供稳定的水资源保障，同时对改善海岛人居环境具有重要意义。截至2017年年底，我国共建成海岛海水淡化工程75个，形成了14.88万吨/日的淡化能力，建设及运营经验基本成熟。见图3-3。

图3-3　六横岛海水淡化厂

　　《中华人民共和国国民经济和社会发展第十三个五年规划纲要》将"实施海岛海水淡化示范工程"列为165项重大工程之一，《全国海水利用"十三五"规划》进一步明确提出："针对海岛经济社会发展和保护性开发以及船舶作业生产对淡水资源的迫切需求，实施海水淡化'百岛工程''进岛上船'计划。大力推进海岛和船舶海水淡化自主技术应用，示范建设一批以解决海岛军民饮用水和船舶补给水为目的的海水淡化工程。在面积较大的有居民海岛，发展大中型海水淡化工程，保障驻岛居民饮水安全。在面积较小、人口分散的有居民海岛和具有战略及旅游价值的无居民海岛，建设小型海水淡化装置，促进旅游开发、生态岛礁建设，服务海岛开发与经济发展。支持海洋渔船加装海水淡化装置，提升船舶作业生产能力。"2017年，国家发展改革委、原国家海洋局印发了《海岛海水淡化工程实施方案》，提出在沿海省市力争通过3~5年重点推进100个左右海岛的海水淡化工程建设及升级改造，规划总规模达到60万吨/日左右。

3.4　海水淡化在保障舰船用水的应用

海水淡化装置是船舶保障日用淡水的重要设备。通常情况下，船舶淡水除了供饮用、洗涤之外，还供给动力装置、卫生医药等部门使用。海水淡化装置直接影响到船舶的续航力，一般大型舰船每天需补充淡水量约200吨。

自1593年进入帆船时代，人们就应用海水来制造船员饮水和洗涤水，创造了船用蒸馏器的先例。1941年压气蒸馏器样机安装在潜艇上后，实现了潜艇淡水自给自足的梦想。美国在1948年开始在船舶上采用闪发式蒸馏设备。一直到20世纪80年代中期，国外船舶海水淡化装置主要采用蒸馏法。反渗透膜法也是船舶海水淡化装置的一种选择。20世纪60年代，反渗透海水淡化装置在以内燃机或燃气轮机推动的船舶上开始应用。自从1973年美国杜邦公司率先在国际海水淡化会议上宣布研制成B-10海水淡化中空纤维膜以来，反渗透海水淡化装置得到了快速发展。此外，电渗析法海水淡化装置也有在舰船上应用的实例。1958年苏联第一台电渗析海水淡化装置安装于"图拉"号轮。该方法是根据电渗析器中离子交换膜在直流电场的作用下，对溶液中电解质的阴阳离子具有选择透过性的原理工作的，其优点是淡化过程具有连续性和匀性，但是其耗电量高、维护操作复杂，因此，目前世界各国船舶海水淡化技术仍以蒸馏法和反渗透法为主。

国外船舶海水淡化装置在20世纪80年代中期之前，大部分采用蒸馏法。小容量多采用单效蒸馏装置，大容量采用多级闪蒸技术，一般用于大型船只。随着渗透膜技术的发展，反渗透技术日趋成熟，其模块式设计降低了维修要求，提高了可靠性，又因其全电力操作性能稳定，并且尺寸小，不需要使用防结垢化学剂，故也被投入到各国海军中使用。

经过近50年的发展，我国在蒸馏海水淡化装置领域取得了不错的成果。中国船舶重工集团公司704研究所提供的板式蒸馏装置性能基本达到了国际水平，已在各类船舶上得到了广泛应用。其在真空沸腾式和闪发式装置系统改进研究方面，采取了改变结构（如多级闪蒸技术）、增强传热以提高效率和缩小装置尺寸，采用了组合式结构实现系统的自动控制等。另外，反渗透海水淡化装置的组装技术相对成熟，已有部分船只使用反渗透海水淡化装置。但反渗透膜价格较高，不易维护保养，衰减快，因此大部分船舶上还是采用以蒸馏法为主的海水淡化装置，只有水下潜艇部分使用反渗透海水淡化装置。

3.5 国内海水淡化利用潜力及规模化应用需求分析

3.5.1 国内海水淡化利用潜力分析

党的十九大报告对实施区域协调发展战略进行了部署，并提出坚持陆海统筹，加快建设海洋强国。未来我国沿海地区包括淮河流域和山东半岛在内，将重点发展海洋生物、海洋可再生能源、海水淡化与综合利用产业，建设国家海洋经济示范区，构建开放型海洋经济体系。伴随相关规划和政策落地，区域工业化、城镇化进程将不断加快，将对水资源保障以及用水方式、用水安全提出新的更高要求。同时，人民日益增长的美好生活需要对水资源的总量需求和品质要求将越来越高，将造成水资源总量有限而需求不断增长的长期性尖锐矛盾。解决水资源短缺和供需紧张矛盾，必须贯彻落实最严格水资源管理制度，强化需水管理，全面推进节水型社会建设，同时又必须采取开源措施，实施跨流域调水工程的同时，加大再生水、海水淡化水等非常规水源比例，支撑经济社会可持续发展。

目前，利用海水替代或满足城市一部分水资源，满足经济社会发展需要，具备了较好基础和可行性：① 现有海水利用工程的不断推广和发展，利用技术的开发由高成本、高能效、低效率逐渐转向低成本、低能耗、低环境影响的可持续发展模式，出现了许多行之有效的低成本、低污染淡化技术，符合绿色发展和国家强化的生态文明建设要求，将为沿海地区大规模实施海水利用奠定更加坚实的基础。② 在贯彻落实最严格水资源管理制度，全面推进节水型社会建设和建设水生态文明城市多措并举下，相关部门对区域水资源保护的力度加大，将合理调减和退还不合理的用水量，加大对海水等非常规水资源的配置强度。同时，沿海地下水水功能区实施限采、禁采、限养、禁养政策，严格控制地下水取用水量，加之正在推动的水资源税改革，通过经济杠杆抑制不合理用水行为，将严格控制区域水资源开发利用。一些用水大户从经济效益、生态环境效益等出发，转而加大对海水等非常规水源的需求，形成海水利用特别是工业大规模利用海水的驱动力。此外，社会各界对水资源的稀缺价值认识程度逐年提高，以节水为核心的水价机制正逐步形成，将逐步缩小与现有供水价格的差距，将进一步支撑海水的大规模利用。③ 随着经济的快速增长，沿海地区综合实力不断增强，对海水利用成本费用的支撑能力也将日渐强大，加之海洋战略的深入实施，将为海水利用提供良好的外部发展环境和广阔的发展空间。

结合未来的产业发展和用水结构变化，在水量、水质满足相关要求的基础上，在滨海地区或规模产业园区，可以通过海水直接利用、海水淡化利用替代或满足部分新增用水需求，构建以本地水资源为主、以客水资源

为补充、海淡互补的多水源保障体系，可为经济社会发展提供更加可靠的水资源支撑和保障。

3.5.2 国内海水淡化规模化应用需求分析

我国水资源占全球水资源的6%，仅少于巴西、俄罗斯和加拿大，居世界第四位，但人均只有2200立方米，仅为世界平均水平的1/4、美国的1/5，在世界上名列第121位，是全球13个人均水资源最贫乏的国家之一。我国水资源总量为2.8万亿立方米。其中，地表水2.7万亿立方米，地下水0.83万亿立方米，由于地表水与地下水相互转换、互为补给，扣除两者重复计算量0.73万亿立方米，与河川径流不重复的地下水资源量约为0.1万亿立方米。我国水资源在地区分布上很不均匀，南多北少，相差较大。长江流域及其以南的珠江流域、浙闽台诸河等南方4片，平均年径流深都在500毫米以上，浙闽台超过1000毫米。北方6片中，淮河流域为225毫米，黄河、海滦河、辽河、黑龙江仅为100毫米，内陆河流仅为32毫米。

我国水资源供需矛盾十分突出，全国669个城市中有400余座城市供水不足，全国有16个省（自治区、直辖市）人均水资源拥有量低于国际公认的用水紧张线，北京、天津、山东等10个省（市）低于严重缺水线。按照国际公认的标准，人均水资源低于3000立方米为轻度缺水，人均水资源低于2000立方米为中度缺水，人均水资源低于1000立方米为重度缺水，人均水资源低于500立方米为极度缺水。

近年来，由于我国社会经济的快速发展，水资源面临严峻形势。水利部有关资料显示，全国有400多个城市存在供水不足的问题，而比较严重的缺水城市已达110个。《全国水资源综合规划》明确指出，截至2030年，考虑南水北调因素，沿海地区年缺水量仍将达到214亿立方米。海水淡化技术与产业作为缓解缺水问题的有效手段，其发展备受国家和政府的重视。2016年，国家发展改革委和原国家海洋局联合编制印发了《全国海水利用"十三五"规划》，指出"十三五"时期要扩大海水利用应用规模，提升海水利用创新能力，自主海水利用核心技术、材料和关键装备实现产品系列化，产业链条日趋完善，培育若干具有国际竞争力的龙头企业。发展海水淡化产业，对缓解我国沿海缺水地区和海岛水资源短缺，促进中西部地区苦咸水、微咸水淡化利用，优化用水结构，保障水资源持续利用具有重要意义。

海水利用作为我国重要的海洋新兴产业，2008—2018年年复合增长率达7.8%。海水直接利用和海水淡化是海水利用的主要形式。海水直接利用包括直接用海水作为冷却介质、海水冲厕、海水消防、海水灌溉耐碱农作物等，通常限于临海城市使用，无深加工难度。而海水淡化对缓解我国水资源短缺的矛盾意义重大，发展前景广阔。

目前海水淡化行业存在生产成本过高、企业研发投入不足、政府扶持政策不到位等问题，面临大规模产业化瓶颈。在海水淡化总成本构成中，电耗成本占比最大，为44%左右；其次是设备成本，包括滤芯、淡化膜更新和设备折旧摊销；设备装置占海水淡化总成本的40%左右，而国产设备比进口设备平均低30%左右，可见海水淡化总体成本下降还存在较大的空间，设备国产化是产业发展的关键。从产业链角度看，又以急需实现进口替代的膜、高压泵和能量回收装置最为核心。

整体来看，未来海水淡化产业的发展将提速。人口增长和经济的发展使得对淡水需求量越来越大，而我国水资源短缺，地表水系污染日益严重，现有的地下水开采和远距离调水工程受到不同因素的制约，海水淡化已成为解决淡水资源危机的战略选择。同时，在政策扶持、市场推动及企业创新研发能力不断提升的大背景下，我国开始对反渗透膜等关键设备的进口替代。并且，随着淡化技术的不断完善，尤其是未来关键设备的国产化，海水淡化成本将大幅降低。未来应加大对海水利用业的研发投入，突破制约产业发展的关键核心技术，并加大政策扶持力度，促进海水利用业向大规模产业化利用迈进。

3.5.3 国内海水淡化规模化应用规划

按照2016年12月发布的《全国海水利用"十三五"规划》，"十三五"末，全国海水淡化总规模达到220万吨/日以上。沿海城市新增海水淡化规模

105万吨/日以上，海岛地区新增海水淡化规模14万吨/日以上。海水直接利用规模达到1400亿吨/年以上，海水循环冷却规模达到200万吨/时以上。新增苦咸水淡化规模达到100万吨/日以上。海水淡化装备自主创新率达到80%以上，自主技术国内市场占有率达到70%以上，国际市场占有率提升10%。

截止到2018年12月底，国内海水淡化总规模为1 201 741吨/日。按照规划要求，2019、2020年国内需新增100万吨/日规模，总体上，国内海水淡化市场具有广阔的发展空间。

3.6　海水淡化规模化应用场景厂址的选择原则

近年来，海水淡化工程总体规模呈稳步增长的态势。《2018年全国海水利用报告》显示，截至2018年年底，全国已建成海水淡化工程142个，日均产水规模1 201 741吨，海水淡化正成为缓解我国沿海地区水资源短缺的重要途径。《中华人民共和国国民经济和社会发展第十三个五年规划纲要》明确提出"推动海水淡化规模化应用"。现阶段，我国海水淡化技术总体上已经处于国际先进水平，推动海水淡化的发展重点在应用。实现规模化应用在厂址选择方面应重点考虑以下几点。

3.6.1　海水淡化规模化设施应有对应的规模化需求

作为非常规水源，海水淡化与引江河水在政府支持力度上难以匹敌。尽管有关管理部门出台了扶持政策，但大多数是鼓励性政策，不足以推动海水淡化产业的大发展。目前我国海水淡化产业主要是市场行为，用水需求是海水淡化规模化设施布局的主要考虑因素。为此，海水淡化规模化设施应优先布局在沿海水资源紧缺、人口密度大的重点城市或重点工业园区，通过规模化的用水需求保障海水淡化设施的高负荷率，进而降低海水淡化成本，实现规模化海水淡化的良性发展，节约有限的淡水资源，推动生态文明的发展。

3.6.2　海水淡化规模化设施能近距离输送至供水设施

现阶段，按城市供水设施的相关规定，供水管网建设属于市政基础设施，主要由政府财力投资。但是海水淡化的供水管网未列入财政投资范围，管网设施投资主要由供水企业和用水单位协商投资建设。长距离供水管网的建设投资巨大，严重影响规模化海水淡化设施的建设投资及运营成本。为此，规模化海水淡化设施掺混或直接进入市政管网的都应靠近供水设施，以节省建设成本，保障海水淡化厂的合理投资。

3.6.3　海水淡化规模化设施浓盐水排放口可快速扩散

目前，全球海水淡化规模已达到日产12 300多万立方米，99%以上浓盐水均直接排回大海。澳大利亚、日本等多国做过多年跟踪研究，截止到目前，未发现浓盐水排放对海洋环境造成危害。

海水淡化规模化设施对海洋生态环境的潜在影响主要是浓盐水的排放。高浓度的浓盐水和淡化过程影响大小取决于排放地的水力及地理因素、波浪、水流、海水深度等。浓盐水含盐量约60 000毫克/升，为自然海水盐度的2倍，在海水交换速度快的情况下，海洋盐度变化非常小，对环境的影响可降低到最低程度。因此，海水淡化规模化设施浓盐水排放口应选择在洋流变化快的区域。

3.6.4　海水淡化规模化设施应有可靠的能源供应保障

海水淡化水在运营过程中的主要成本是能源成本。电力能源的价格对规模化海水淡化设施能否保持正常稳定合理运行具有直接作用，应尽可能选择在具备直供电条件的地区进行建设。同时，同等条件下宜优先选择在具备余热、废热利用的场址进行建设。稳定可靠的能源供应也是降低海水淡化设施损耗的重要措施，因此，海水淡化规模化设施应尽可能选择在电力能源稳定可靠且价格有优惠政策的区域。

4 山东半岛水资源分析及海水淡化利用目标

4.1 国内水资源总体情况

根据2018年国内水资源公报，2018年全国水资源总量为27 462.5亿立方米，与多年平均值基本持平，比2017年减少4.5%。其中，地表水资源量26 323.2亿立方米，地下水资源量8 246.5亿立方米，地下水与地表水资源不重复量为1 139.3亿立方米。全国水资源总量占降水总量42.5%，平均单位面积产水量为29.0万米^3/千米^2。

2018年，全国供水总量6 015.5亿立方米（图4-1），占当年水资源总量的21.9%。其中，地表水源供水量4 952.7亿立方米，占供水总量的82.3%；地下水源供水量976.4亿立方米，占供水总量的16.2%；其他水源供水量86.4亿立方米，占供水总量的1.5%。与2017年相比，供水总量减少27.9亿立方米。其中，地表水源供水量增加7.2亿立方米，地下水源供水量减少40.3亿立方米，其他水源供水量增加5.2亿立方米。全国海水直接利用量1 125.8亿立方米，主要作为火（核）电的冷却用水。海水直接利用量较多的为广东、浙江、福建、辽宁、山东、江苏和海南，分别为391.9亿立方米、236.3亿立方米、210.1亿立方米、72.2亿立方米、70.6亿立方米、55.1亿立方米和38.5亿立方米，其余沿海省大都也有一定数量的海水直接利用量。

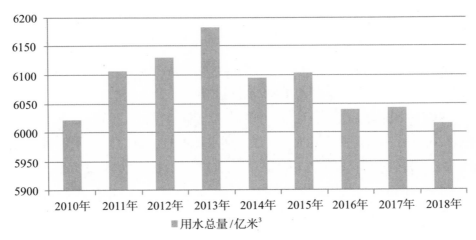

图4-1　2010年以来我国用水总量情况

2018年，全国用水总量6 015.5亿立方米。其中，生活用水859.9亿立方米，占用水总量的14.3%；工业用水1 261.6亿立方米，占用水总量的21.0%；农业用水3 693.1亿立方米，占用水总量的61.4%；人工生态环境补水200.9亿立方米，占用水总量的3.3%。与2017年相比，用水总量减少27.9亿立方米。其中，农业用水量减少73.3亿立方米，工业用水量减少15.4亿立方米，生活用水量及人工生态环境补水量分别增加21.8亿立方米和39.0亿立方米。

4.2　山东地区水资源总体情况

根据2017年山东省水资源公报，2017年山东省平均年降水量635.8毫米，比上年658.3毫米偏少3.4%，比多年平均679.5毫米偏少6.4%，属偏枯年份。2017年山东省水资源总量为225.61亿立方米，其中地表水资源量为139.14亿立方米，地下水资源与地表水资源不重复量为86.47亿立方米。当地降水形成的入海、出境水量为79.89亿立方米。

2017年年末山东省大中型水库蓄水总量38.17亿立方米，比年初蓄水总量31.55亿立方米增加6.62亿立方米。2017年年末与年初相比，山东省平原区浅层地下水位总体上有所下降，平均下降幅度为0.15米，地下水蓄水量减少3.70亿立方米。2017年年末山东省平原区浅层地下水位漏斗区面积为14 190平方千米，比年初增加90平方千米。

2017年山东省总供水量为209.47亿立方米。其中，当地地表水供水量占26.12%，跨流域（引黄、引江）调水量占31.68%，地下水供水量占38.05%，其他水源供水量占4.14%。海水直接利用量为59.03亿立方米。

2017年山东省总用水量为209.47亿立方米。其中，农田灌溉用水占55.04%，林牧渔畜用水占8.95%，工业用水占13.77%，城镇公共用水占3.61%，居民生活用水占12.89%，生态环境用水占5.74%。

4.3　山东半岛水资源供需分析

按照《全国水资源综合规划技术细则》《水资源供需预测分析技术规范》（SL 429—2008）等要求，需水预测按"三生"用水分类，即生活、生产和生态环境用水三大类。其中，生活用水项目有2项：城镇居民生活、农村居民生活；生产用水又分3个产业：第一产业（农业）用水项目有8项（水田、水浇地、菜园、林果地、草场、鱼塘、大牲畜、小牲畜），第二产业用水项目有3项［火（核）电工业、其他一般工业、建筑业］，第三产业用水项目有1项；生态环境用水又分城镇生态环境美化用水和河道内生态用水，其中城镇生态环境美化用水项目有城镇绿化、环境卫生2项。生活、生产和城镇生态环境美化用水等16项统称河道外用水，维持河道一定功能需水量和河口生态环境需水量则谓河道内用水。

结合各地水资源公报、水资源综合规划、"十三五"国民经济和社会发展纲要、经济社会发展专项规划、水资源管理"三条红线"控制指标等，合理预测不同水平年山东沿海内各地市的经济社会发展指标和各用水行业用水定额，并与供水规划、水资源合理配置等成果相协调，提出需水方案。需水预测的基准年为2015年，近期为2020年，远期为2030年。

4.3.1　山东沿海城市水资源现状

水资源量分析包括地表水资源量、地下水资源量。据《全国水资源综合规划技术细则》，地表水资源量指河流、湖泊等地表水体中由当地降水形成的、可逐年更新的动态水量，用天然河川径流量表示；地下水资源量指地下水体中参与水循环且可以逐年更新的动态水量；水资源总量为地表水资源量和地下水资源量之和，再扣除两者的重复计算量。

（1）地表水资源量

据《山东省水资源综合规划》《山东省水资源综合利用中长期规划》《山东省水安全保障总体规划》等相关成果，1956—2014年山东省沿海各市多年平均天然径流量见表4-1。从多年平均地表水资源量来看，烟台市最大，达到25.48亿立方米；东营市最小，为4.68亿立方米。但从径流深比较，威海市最大，多年平均为251.0毫米；东营市最小，仅56.8毫米。

表4-1　山东省沿海各市多年年均天然径流量表

序号	行政区	年均值/万米³	径流深/毫米	不同频率天然年径流量/万米³			
				丰水年 $P=20\%$	平水年 $P=50\%$	枯水年 $P=75\%$	特枯水年 $P=95\%$
1	青岛市	146 680	130.0	234 463	104 887	45 746	9134
2	东营市	46 827	56.8	72 500	36 859	18 819	5411
3	烟台市	254 769	183.9	376 543	217 831	129 308	51 505
4	潍坊市	157 924	97.8	243 859	125 074	64 518	19 030
5	威海市	145 494	251.0	215 037	124 399	73 845	29 414
6	日照市	127 429	237.8	186 983	110 035	66 550	27 537
7	滨州市	56 740	61.9	91 295	39 321	16 341	2894

（2）地下水资源量

按照《山东省水资源综合规划》《山东省水资源综合利用中长期规划》《山东省水安全保障总体规划》等相关成果，1956—2014年山东沿海各市多年平均地下水资源量见表4-2。就地下水资源量比较，潍坊市最大，东营市最小。

表4-2　山东省沿海各市多年年平均地下水资源量表

序号	行政区	山丘区/万米³	平原区/万米³	重复计算量/万米³	地下水资源总量/万米³
1	青岛市	73 728	24 047	4154	93 621
2	东营市		23 238	598	22 640
3	烟台市	116 161	19 789	5007	130 943
4	潍坊市	87 709	66 156	10 936	142 929
5	威海市	52 922			52 922
6	日照市	47 347	4601	727	51 221
7	滨州市	2302	58 233	1253	59 282

（3）水资源总量

1956—2014年山东沿海各市多年平均水资源总量见表4-3。从水资源总量看，山东沿海地区中，烟台市最大，多年平均水资源总量为31.83亿立方米；东营市最小，水资源总量为6.47亿立方米。

表4-3　山东省沿海各市年均水资源总量表

序号	行政区	多年平均值/万米³	不同频率水资源总量/万米³			
			丰水年 $P=20\%$	平水年 $P=50\%$	枯水年 $P=75\%$	特枯水年 $P=95\%$
1	青岛市	192 458	290 327	159 527	89 363	31 423
2	东营市	64 660	94 879	55 834	33 769	13 973
3	烟台市	318 289	446 818	287 901	192 201	96 981

序号	行政区	多年平均值/万米^3	不同频率水资源总量/万米^3			
			丰水年	平水年	枯水年	特枯水年
			$P=20\%$	$P=50\%$	$P=75\%$	$P=95\%$
4	潍坊市	243 734	348 034	217 072	139 830	65 868
5	威海市	164 346	236 625	145 117	91 869	41 777
6	日照市	146 353	208 101	130 870	85 055	40 775
7	滨州市	101 710	149 244	87 827	53 118	21 980

4.3.2 经济社会发展指标预测

（1）预测原则

经济社会发展指标预测是需水预测和水资源合理配置的基础。经济社会发展指标预测主要包括人口预测、国民经济发展预测、农业发展与土地利用指标预测等内容。预测的依据主要为山东省各地市现状2015年经济社会发展指标、国民经济和社会发展"十二五"规划纲要、"十三五"相关规划及远景目标展望，以及行业发展规划、其他相关规划等有关资料。预测指标主要有地区生产总值（GDP）、人口、灌溉面积、工业增加值等。

（2）发展指标

1）人口

据《山东省国民经济和社会发展第十三个五年规划纲要》《山东省水资源综合规划》《山东省水资源综合利用中长期规划》等文件和成果，基于山东省人口发展的规律特点，充分考虑国家、省生育政策，人口发展的惯性作用、机械增长特点，生育意愿等，预计2016—2020年、2021—2030年，山东省人口年均自然增长率分别为8‰、6.5‰。根据国家和山东省加快城乡一体化进程的有关要求，结合《山东省城镇化发展纲要（2012—2020年）》，今后一个时期，山东省必将进一步加快城镇化进程，有序推进农业人口市民化，走大中小城市和小城镇、城市群协调发展的山东特色城镇化道路。据此测算，到2020年、2030年，全省城镇化率分别达到65%、75%。考虑到青岛、潍坊、威海、烟台、日照、滨州等现状年城镇化水平及自身发展特点，结合城市总体规划、国民经济和社会发展"十三五"规划纲要、当地有关发展规划等，并参考山东省2030年平均水平确定人口有关参数。

山东沿海各地市2020年和2030年人口发展指标预测结果分别见表4-4和表4-5。

表4-4 山东沿海各地市2020年经济社会主要发展指标

地级行政区	总人口/万人	城镇化率（%）	GDP/亿元	工业增加值/亿元	有效灌溉面积/万公顷
青岛市	946.7	78	13 351.5	6 141.7	33.99
东营市	227.0	69	4 953.8	2 724.6	19.60
烟台市	729.9	65	9 254.2	4 442.0	25.86
潍坊市	965.9	65	7500	3 340.3	55.63
威海市	291.9	70	4500	2 068.4	12.68
日照市	310.0	63	2550	1 103.4	10.95
滨州市	400.0	60	3345	1 690.7	39.14

表4-5 山东沿海各地市2030年经济社会主要发展指标

地级行政区	总人口/万人	城镇化率（%）	GDP/亿元	工业增加值/亿元	有效灌溉面积/万公顷
青岛市	1 010.0	0.85	23 910.4	10 759.7	37.55
东营市	234.3	0.78	8 871.6	4 435.8	21.65
烟台市	778.8	0.70	16 572.8	7 457.8	28.57
潍坊市	1 030.0	0.70	13 293.4	5 317.4	61.45
威海市	311.5	0.75	7 717.0	3 472.7	14.01
日照市	319.8	0.72	4 295.6	1 804.2	12.09
滨州市	428.5	0.66	6 055.5	2 785.5	43.24

2）国民经济发展指标预测分析

近年来，山东省经济保持持续健康发展的良好态势，经济总量、发展效益均领先于全国平均水平。考虑到今后一个时期，国际政治经济形势复杂严峻，国内经济发展进入新常态，转型升级压力加大，经济运行风险已初步显现的实际，结合国家、省"十三五"期间的经济指标预测的初步成果及中长期展望，预计2016—2020年、2021—2030年，山东省GDP年均增长率分别为7.5%、7.0%。按照国家、山东省加大经济结构调整力度，切实加快服务业发展的有关要求，参考发达国家、地区三次产业比例情况，结合近年来山东省服务业占比正逐年大幅提升的实际，以及国家、省"十三五"经济指标预测的初步成果及中长期展望，初步预计，2016—2020年山东省服务业增加值占比年均提高2个百分点左右，2021—2030年服务业增加值占比年均提高0.5个百分点左右，预计到2020年、2030年，山东省三次产业比例分别调整为6.5：38.5：55、5.0：35.0：60.00。

山东沿海各城市国民经济发展指标预测分析如下。

据《青岛市国民经济和社会发展第十三个五年规划纲要》，"十三五"期间，青岛市GDP年均增速为7.5%；到2020年，服务业比例为57%，常住人口城镇化率72%，户籍人口城镇化率60%，耕地保有量748万亩。

据《东营市国民经济和社会发展第十三个五年规划纲要》，"十三五"期间，东营市GDP年均增长7%左右；到2020年，全市总人口227.0万人，常住人口城镇化率69%，户籍人口城镇化率61%。

据《滨州市国民经济和社会发展第十三个五年规划纲要》，"十三五"期间，滨州市GDP年均增长7.5%左右，工业增加值年均增长8%左右；到2020年，地区生产总值达到3345亿元，三次产业结构比例调整为8.1：45.9：46，常住人口城镇化率达60%，城镇人口达240万人，户籍人口城镇化率达到50%。

据《烟台市国民经济和社会发展第十三个五年规划纲要》，"十三五"期间，烟台市GDP年均增长8%左右；到2020年，三次产业结构调整为

6：48：46，耕地保有量达到659万亩，常住人口城镇化率达65%。

据《潍坊市国民经济和社会发展第十三个五年规划纲要》，"十三五"期间，潍坊市GDP年均增加8%，地区生产总值达到7500亿元；到2020年，常住人口城镇化率达到65%，户籍人口镇化率达61%，耕地保有量达78.2万公顷。

据《日照市国民经济和社会发展第十三个五年规划纲要》，到2020年，日照市地区生产总值达到2550亿元，耕地保有量达344.86万亩，总人口310.0万人，常住人口城镇化率63%，户籍人口镇化率56%。

据《威海市国民经济和社会发展第十三个五年规划纲要》，"十三五"期间，威海市GDP年均增长8.5%；到2020年，地区生产总值达到4500亿元，常住人口城镇化率达70%，户籍人口城镇化率达68%。

山东沿海各地市2020年经济社会主要发展指标见表4-4。

结合《山东省水资源综合规划》《山东省水资源综合利用中长期规划》等文件和成果，预测2030年山东沿海内山东各市的国民经济主要发展指标，结果见4-5。

3）农业发展与灌溉面积指标预测分析

按照国家有关土地政策，今后一个时期的耕地总量将保持动态平衡，本次研究按照基准年的耕地面积进行测算。到2030年，山东沿海各市将进一步加快灌区续建配套与节水改造、农田水利项目、高标准农田等重点工程建设，扩大改善灌溉面积，提升灌溉保证率，并按照《山东省水中长期供求规划》等成果，合理分析2016—2020年、2021—2030年各市有效灌溉面积情况。

2020年山东沿海各地市有效灌溉面积见表4-4，2030年山东沿海各地市有效灌溉面积见表4-5。

4.3.3　需水量预测分析

根据《水资源供需预测分析技术规范》（SL 429—2008），需水量预测采用定额法或趋势法。根据经济社会发展指标预测成果，考虑到产业布局与经济结构调整、经济增长、人口增加、城市化进程加快和科技进步、体制机制创新等因素，按照满足经济社会发展最基本用水保障的原则，分别提出不同水平年居民生活、农业、工业、建筑业、第三产业、河道外生态环境等需水定额，进行需水量预测。

农田灌溉需水受降水直接影响较大，根据国家有关需水预测技术规范要求，农田灌溉需水量按照平水年、枯水年、特枯水年3种情况进行分析；居民生活、工业、建筑业、第三产业、林牧渔畜、河道外生态环境需水等，受降水直接影响较小，需水量基本稳定，按国家要求，不再按不同保证率（3种情况）进行预测。

（1）用水指标分析

1）居民生活用水定额

依据《山东省水资源综合利用中长期规划》《2015年山东省水资源公报》以及各市水资源公报、水资源管理"三条红线"控制指标等，综合考虑各市居民生活实际用水情况，考虑到人民群众生活水平提高和生活质量的改善，居民生活人均用水标准将有所提高，考虑到农村居民生活用水方式会更加实际，以及全社会节水型社会建设的有关要求，预计到2030年，城镇居民生活、农村居民生活用水定额较现状年分别提高到2020年的102～172升／（人·日）、2030年的80～142升/（人·日）。

2）农田灌溉用水定额

山东省总体上属于资源性缺水地区，依据《山东省水资源综合利用中长期规划》，以近5年农田实际灌溉统计资料为依据，采用历史资料、调查统计和理论计算相结合的方法，综合确定全省各市农田灌溉需水净定额为100～150米³/亩，全省平均净定额为137米³/亩。考虑农业种植结构调整，"粮食–经济作物"二元结构向"粮食–经济作物–饲料作物"三元结构转变等因素，综合确定全省2020年、2030年农田灌溉平均净定额分别为128米³/亩、126米³/亩。据《2015年山东省水资源公报》，全省农田灌溉水有效利用系数为0.630。随着农业灌溉体系的逐步完善、农业节水水平的提高，预计2020年、2030年，全省农田灌溉水有效利用系数分别提高到0.646、0.680。山东省地处北方严重缺水地区，全省农田灌溉多为非充分灌溉，考虑到在枯水年、特枯水年情况下，需优先保证民生、工业、三产等用水，农田灌溉用水也很难得到有效保障，考虑山东省水资源特点，将特枯水年（95%）情况下的农田灌溉需水量等同于枯水年（75%）情况下农田灌溉需水量。

3）工业用水定额

据《山东省水资源综合利用中长期规划》，按照国家最严格水资源管理制度约束性指标要求，同时考虑到工业产业结构调整，以及用水技术、节水水平的提高等，到2020年、2030年，全省万元工业增加值用水量分别降至10立方米、7.5立方米，工业总需水量分别为30.63亿立方米、41.08亿立方米。结合山东沿海内山东沿海各市工业用水特点、现状用水水平、产业结构调整状况、用水效率控制红线等因素，分别确定各市万元工业增加值用水量指标。

4）公共用水定额

公共用水主要包括建筑业、第三产业和城市人工生态环境用水三部分。依据《山东省水资源综合利用中长期规划》、各地市2015年水资源公报、水资源管理"三条红线"等确定各地公共用水指标，考虑节水边际成本不断提高，到2020年、2030年，全省建筑业万元增加值用水量分别降至5立方米、3.3立方米，全省第三产业万元增加值用水量分别降至1.6立方米、1.0立方米。根据近10年河道外生态用水量年均增长8.8%的实际，采用趋势法预测规划期河道外生态用水量增加幅度。由此确定2020年全省、河道外生态用水量按年均增长8.8%测算。考虑到2020年以后全省城镇化进程逐步放缓，城市绿地、河湖建设等基本完善，河道外生态需水量增速会大幅放缓的实际，确定到2030年全省河道外生态用水量年均增长率为4.0%左右。综合考虑上述因素，结合山东省沿海地区各市公共用水实际、用水特点、用水水平等，确定公共用水定额。

5）"十三五"期间各市用水指标

据《青岛市国民经济和社会发展第十三个五年规划纲要》，青岛市2020年单位生产总值用水量10立方米，全市再生水利用率达到50%。另据《青岛市关于开展全民节水行动的通知》，到2020年，全市用水总量控制在14.73亿立方米以内，农田灌溉水有效利用系数达到0.68以上，万元GDP用水量降至10立方米以下。

据《东营市国民经济和社会发展第十三个五年规划纲要》，2020年东营市用水总量控制在13.27亿立方米，农田灌溉水有效利用系数提高到0.646。

据《滨州市国民经济和社会发展第十三个五年规划纲要》，滨州市规模以上工业增加值每万元取水量降至10立方米以下，有效灌溉面积达到560万亩。据《滨州市水污染防治工作方案》，到2020年，滨州市农田灌溉水有效利用系数达到0.65以上。

据《烟台市"十三五"生态环境保护规划》，烟台市用水总量控制在16.32亿立方米以下。据《烟台市落实水污染防治行动计划实施方案》，到2020年，烟台市农田灌溉水有效利用系数达0.68以上。

据《潍坊市国民经济和社会发展第十三个五年规划纲要》，潍坊市海水淡化量达700万米³/年，扩大海水直接利用规模，年利用海水2.5亿立方米，折合淡水1250万米³/日。全市新增节水灌溉面积315万亩，其中新增高效节水灌溉面积294万亩，农田灌溉水有效利用系数提高至0.68以上；万元GDP用水量下降至23立方米，万元工业增加值用水量下降至10立方米，工业用水重复利用率大于95%。据《潍坊市节约用水集中行动工作方案》，到2020年年底，城市供水管网漏失率控制在9.5%以内，再生水利用率达到80%以上。

据《威海市国民经济和社会发展第十三个五年规划纲要》，威海市农业灌溉水利用系数提高到0.73以上，有效灌溉面积达到234万亩。到2020年，海水淡化能力达到1000万米³/年。

基于上述分析，综合确定山东沿海各地市2020年和2030年的用水指标，具体见表4-6和表4-7。

表4-6　山东沿海各地市2020年用水指标分析

地级行政区	城镇居民生活用水量/[升/(人·日)]	农村居民生活用水量/[升/(人·日)]	农田灌溉/（米³/亩）			农田灌溉有效利用系数	单位工业增加值用水量/（米³/万元）	人均城镇公共用水量/（升/日）
			P=50%	P=75%	P=95%			
青岛市	110	95	156.9	175.8	175.8	0.68	4.18	55.2
东营市	98	80	241.0	256.3	256.3	0.646	6.85	90.0
烟台市	103	76	205.1	221.3	221.3	0.68	3.21	40.4
潍坊市	98	80	161.9	183.5	183.5	0.68	10.00	28.8
威海市	96	74	219.0	236.4	236.4	0.73	4.45	14.6
日照市	100	75	203.3	227.0	227.0	0.65	13.18	55.5

表4-7　山东沿海各地市2030年用水指标分析

地级行政区	城镇居民生活用水量/[升/(人·日)]	农村居民生活用水量/[升/(人·日)]	农田灌溉/（米³/亩）			农田灌溉有效利用系数	单位工业增加值用水量/（米³/万元）	人均城镇公共用水量/（升/日）
			P=50%	P=75%	P=95%			
青岛市	120	105	150	168	168	3	60.98	120
东营市	105	89	235	250	250	6	99.46	105
烟台市	115	80	190	205	205	3	44.63	115
潍坊市	115	89	150	170	170	6	31.81	115
威海市	110	80	189	204	204	4	16.13	110
日照市	118	85	197	220	220	10	61.27	118

（2）需水量分析

根据上文中分析得到的不同水平年山东沿海各地市经济发展指标及用水指标，预测各地市不同水平年需水量，成果见表4-8和表4-9。

表4-8 山东沿海各地市2020年需水量（单位：亿米³）

地级行政区	城镇居民生活	农村居民生活	农田灌溉			工业	城镇公共	人工生态	总需水量		
			P=50%	P=75%	P=95%				P=50%	P=75%	P=95%
青岛	2.74	0.92	7.80	8.74	8.74	2.57	1.37	0.75	16.147	17.084	17.084
东营	0.56	0.21	7.08	7.54	7.54	1.82	0.51	0.62	10.808	11.260	11.260
烟台	1.78	0.71	6.37	6.87	6.87	1.39	0.70	0.61	11.559	12.061	12.061
潍坊	2.24	0.99	10.81	12.25	12.25	3.42	0.66	0.62	18.741	20.182	20.182
威海	0.72	0.24	3.33	3.60	3.60	0.96	0.11	0.05	5.408	5.673	5.673
日照	0.71	0.31	2.67	2.98	2.98	1.55	0.40	0.20	5.843	6.155	6.155
滨州	0.86	0.43	10.18	11.15	11.15	1.08	0.13	0.51	13.185	14.154	14.154

表4-9 山东沿海各地市2030年需水量（单位：亿米³）

地级行政区	城镇居民生活	农村居民生活	农田灌溉			工业	城镇公共	人工生态	总需水量		
			P=50%	P=75%	P=95%				P=50%	P=75%	P=95%
青岛	3.760 4	0.581	7.842	8.783	s.783	3.23	1.91	1.34	18.661	19.602	19.602
东营	0.724 0	0.173	7.632	8.119	8.119	2.60	0.69	1.11	12.925	13.412	13.412
烟台	2.288 2	0.682	6.514	7.028	7.028	2.29	0.89	1.09	13.752	14.266	14.266
潍坊	3.026 5	1.004	11.060	12.535	12.535	3.27	0.84	1.12	20.311	21.785	21.785
威海	0.937 9	0.227	3.177	3.429	3.429	1.45	0.14	0.09	6.026	6.278	6.278
日照	1.025 7	0.287	2.858	3.192	3.192	1.92	0.53	0.37	6.988	7.322	7.322
滨州	1.135 4	0.452	10.896	11.933	11.933	1.39	0.16	0.91	14.952	15.990	15.990

据《山东省人民政府办公厅关于印发山东省实行最严格水资源管理制度考核办法的通知》、水污染防治方案等文件，山东各沿海地市2020年、2030年用水总量控制指标见表4-10。

表4-10　山东沿海内沿海各市用水总量控制目标（单位：亿米³）

地级行政区	2020年	2030年
青岛市	14.73	19.67
东营市	13.02	14.83
烟台市	16.33	17.73
潍坊市	24.01	25.79
威海市	6.52	7.87
日照市	7.27	7.39
滨州市	16.26	19.89

青岛市2020年、2030年的需水量预测结果均超过用水总量控制红线，说明在具体的水资源配置和管理工作中需要重点加强需求管理，严格节约用水。因各地"十三五"有关指标的不断明确，用水需求不断下降，其他地市的预测需水量与2020年、2030年的控制指标相比较小。

（3）合理性分析

1）居民生活需水方面

山东沿海各地市受人口自然增长、城镇化进程加快推进、居民生活水平不断提高等影响，居民生活需水量总体上呈增长趋势；同时，伴随着节水型社会建设，节水器具普遍应用，节水技术更加先进，节水理念深入人心，将进一步遏制增长趋势。总体而言，各地市居民生活用水呈现增长态势。

2）农业需水方面

随着农业灌溉基础设施的日益完备，先进节水灌溉技术的普遍应用，加上灌溉制度优化调整等因素，各水平年农业需水量总体上呈稳中有降趋势。

3）工业需水方面

今后一个时期，为贯彻落实最严格水资源管理制度，受国家工业用水效率约束性指标限制、工业节水先进技术广泛应用、工业结构内部调整优化加快推进等因素影响，万元工业增加值用水量将大幅下降，但是随工业增加值规模的稳步增长，需水量也必然呈刚性缓慢增长趋势。

4）城镇公共需水方面

第二产业和建筑业是今后一个时期国民经济的主要增长点，占比会逐年稳步提高。虽然单位增加值用水将出现不断下降趋势，但增加值规模不断增加，需水量势必呈稳定缓慢的增长趋势。

5）河道外生态环境需水方面

随着城市化进程的加快推进，城区绿色化、农村生态化的逐步实现，河道外生态环境用水呈逐步增长趋势。

4.3.4 可供水量预测

据《山东省水资源综合利用中长期规划》、各市水利发展"十三五"规划、其他相关涉水规划等成果，预测2020年、2030年山东省沿海各市可供水量。可供水量预测，一方面要考虑更新改造、续建配套现有水利工程可能增加的供水能力，另一方面要考虑规划的新建水利工程，重点是新建大中型水利工程的供水规模、范围和对象，经综合分析提出不同工程方案的可供水量。

（1）地表水可供水量

2020年、2030年地表水可供水量是在现状地表水工程供水能力的基础上，充分考虑今后一个时期地表水供给能力逐步提高等因素，以地表水用水总量控制指标为上限。

1）大中型水库增容

根据《山东省雨洪资源利用规划》，2025年前沿海地区拟对日照水库、青岛棘洪滩水库、威海米山水库等进行增容工程建设。

2）新建水库

在山东省沿海地区新建10座水库，总库容6.03亿立方米，兴利库容3.53亿立方米，详见表4-11。

表4-11 山东省沿海地区新建水库列表（单位：万米³）

序号	水库名称	所属流域	所在地级	所在县级	总库容	兴利库容	备注
1	泊于水库	淮河	威海市	环翠区	7430	4763	列入国家"十二五"中型水库专项规划
2	南寨水库	淮河	潍坊市	昌乐县	1008	605	
3	孟家沟水库	淮河	潍坊市	高密市	2115	1269	
4	沐官岛水库	淮河	青岛市	胶南市	9650	5790	
5	逍遥水库	淮河	威海市	荣成市	1019	611	列入国家"十二五"中型水库专项规划
6	共青团水库	淮河	潍坊市	诸城市	1503	902	
7	王家沟水库	淮河	潍坊市	安丘市	13 600	8160	列入国家"十二五"大型水库专项规划
8	老岚水库	淮河	烟台市	福山区	15 300	8000	列入省水利"十二五"规划
9	石泉水库	淮河	潍坊市	诸城市	1100	660	
10	鲍村水库	淮河	威海市	荣成市	7600	4560	
合计					60 325	35 320	

3）新建河道拦蓄工程

规划建设拦河闸坝等工作，增加拦蓄库容以满足供水要求。

（2）地下水可供水量

2020年、2030年地下水可供水量是在现状地下水工程供水能力的基础上，结合各市实际开采情况，以地下水可开采量为控制，以地下水用水总量控制指标为上限，

地下水主要作为储备水源，利用原则为积极保护、合理开发。对地下水超采区实施压采，减小超采区面积，对地下水尚有潜力的地区可适当增加开采量。山东省沿海地市部分地区地下水超采严重，加之青岛、威海、烟台、潍坊等为南水北调东线一期工程受水区，本身就有地下水

压采任务。考虑以上地下水开采原则，基于山东省2030年用水总量控制，2030年地下水总可供水量为66.7亿立方米，较现状年压采1.3亿立方米。据《山东省水资源综合利用中长期规划》等相关成果，山东省沿海各市地下水可开采量见表4-12，其中东营市最小，为1.66亿立方米，潍坊市最大，为10.88亿立方米。

表4-12 山东省沿海各市地下水可开采量（单位：万米³）

序号	地级组行政区	山丘区可开采量	平原区可开采量	可开采总量
1	青岛市	42 025	21 826	60 320
2	东营市		16 992	16 574
3	烟台市	69 697	15 250	81 442
4	潍坊市	53 355	65 038	108 777
5	威海市	29 107		29 107
6	日照市	28 408	3947	31 737
7	滨州市	1381	41 994	42 435

（3）外调水量

2030年山东调江水量按29.51亿立方米，2020年黄河水可供水量按62.19亿立方米，2030年黄河水可供水量按引黄总量控制指标65.03亿立方米考虑。据《南水北调东线第一期工程可行性研究总报告》《山东省水资源综合利用中长期规划》等相关成果，山东沿海各市外调水主要是黄河水和长江水，目前已建成的有引黄工程、南水北调东线一期工程，具体水量见表4-13。

表4-13 山东省沿海各市外调水量指标表（单位：亿米³）

序号	地级行政区	黄河水指标	南水北调东线一期长江水指标
1	青岛市	2.33	1.30
2	东营市	7.28	2.00
3	烟台市	1.37	0.97

续　表

序号	地级行政区	黄河水指标	南水北调东线一期长江水指标
4	潍坊市	3.07	1.00
5	威海市	0.52	0.50
6	日照市		
7	滨州市	8.57	1.50

（4）非常规水可供水量

非常规水源利用主要为再生水回用、海水利用、雨水集蓄利用、微咸水利用、矿坑水利用等，可开发利用潜力较大。

根据《山东省水资源综合利用中长期规划》，水污染防治、污水集中处理及回用等有关规划成果，结合各地污水处理能力及回用现状，2020年再生水可供水量按照2020年全省城市污水处理率达到95%、县城污水处理率达到85%、城市再生水利用率达到25%等相关指标测算，2030年再生水可供水量按照2030年全省城市污水处理率达到99%、县城污水处理率达到90%、城市再生水利用率达到30%等相关指标测算，综合分析确定2030年城市污水处理率为80%。考虑到山东省沿海各市地区差异，参考全省平均水平综合测算2020年、2030年再生水供水量。青岛、淄博、烟台、潍坊、威海等市的污水处理率目标要高于一般城市5%～20%。2030年城市污水处理利用率均为50%。

其他水利用包括雨水集蓄利用、微咸水利用、矿坑水利用等。

（5）山东沿海可供水量

山东沿海各市不同保证率下可供水量见表4-14。未来山东各市在本地水资源紧缺的形势下，将不断加大黄河水、长江水（南水北调东线一期、二期工程）等外调水源的用水量，同时地下水开发利用逐步趋向合理，再生水、海水等非常规水源不断加大利用强度，但总体占比不会太大。山东沿海各市基本以地表水（含过境、外调水）供水为主，地下水合理开发为辅，再生水和海水等非常规水源以点状供水为主进行补充。

表4-14　山东沿海各市不同保证率下可供水量（单位：亿米³）

地级行政区	2020年			2030年		
	平水年	枯水年	特枯水年	平水年	枯水年	特枯水年
	P=50%	P=75%	P=95%	P=50%	P=75%	P=95%
青岛市	14.4	13.2	12.6	20.2	19	18.4
东营市	11.6	11.3	11	12.5	12.2	11.9
烟台市	11.8	10.5	10	14.9	13.4	12.8
潍坊市	19.3	17.6	16.9	23.3	21.3	20.4
威海市	5.3	4.6	4.3	6.7	5.9	5.6
日照市	6.3	5.4	5	8.3	7.2	6.8
滨州市	15.5	14.9	14.4	17	16.3	15.6

4.3.5　供需分析

依据前文的需水量预测成果和可供水量分析预测成果，对山东沿海各市进行不同水平年的供需平衡分析，具体结果见表4-15和表4-16。

表4-15　2020年山东沿海各市供水平衡分析

地级行政区	供水量/亿米³			缺水量/亿米³			缺水率（%）		
	平水年	枯水年	特枯水年	平水年	枯水年	特枯水年	平水年	枯水年	特枯水年
	P=50%	P=75%	P=95%	P=50%	P=75%	P=95%	P=50%	P=75%	P=95%
青岛市	14.4	13.2	12.6	1.75	3.88	4.48	10.8	22.7	26.2
东营市	11.6	11.3	11			0.26			2.3
烟台市	11.8	10.5	10		1.56	2.06		12.9	17.1
潍坊市	19.3	17.6	16.9		2.58	3.28		12.8	16.3
威海市	5.3	4.6	4.3	0.11	1.07	1.37	2.0	18.9	24.2
日照市	6.3	5.4	5		0.75	1.15		12.3	18.8
滨州市	15.5	14.9	14.4						

表4-16 2030年山东沿海各市供水平衡分析

地级行政区	供水量/亿米³			缺水量/亿米³			缺水率（%）		
	平水年	枯水年	特枯水年	平水年	枯水年	特枯水年	平水年	枯水年	特枯水年
	P=50%	P=75%	P=95%	P=50%	P=75%	P=95%	P=50%	P=75%	P=95%
青岛市	20.2	19.0	18.4		0.6	1.2		3.1	6.1
东营市	12.5	12.2	11.9	0.4	1.2	1.5	3.3	9.0	11.3
烟台市	14.9	13.4	12.8		0.9	1.5		6.1	10.3
潍坊市	23.3	21.3	20.4		0.5	1.4		2.2	6.4
威海市	6.7	5.9	5.6		0.4	0.7		6.0	10.8
日照市	8.3	7.2	6.8		0.1	0.5		1.7	7.1
滨州市	17.0	16.3	15.6			0.4			2.4

总体上，山东沿海各市在不同水平年、不同保证率下存在缺水现象，缺水比例较大的为青岛、烟台、日照等市。

4.4 山东半岛海水利用目标及规模化应用布局规划

4.4.1 山东半岛海水利用目标

近年来，山东半岛蓝色经济区建设战略深入实施，区域社会经济发展加速，沿海地区用水需求不断增加，区域供需矛盾日益紧张，水资源安全保障面临的压力越来越大。水资源是影响区域经济发展及产业结构变化特征的重要内在驱动力和制约因素之一。从现状年水资源开发利用形势及未来的水资源供需情况看，山东省沿海的青岛、潍坊、威海、烟台、日照等市面临严峻的淡水资源短缺形势，2020年缺水率最高达26.2%。这些城市当地水资源十分有限，部分地区地下水存在超采问题，生态环境恶化趋势未能有效遏制，而且外调水量供应成本较高（如烟台门楼水库综合水价达到黄河水4.285元/米³、长江水5.567元/米³，长岛调引水更是高达15元/米³，如果计算制水成本和管网配水成本，终端水价可能高达10~20元/米³），居民生活用水难以承受，就连承受能力较高的工业行业，也将面临承受压力临界点。而且沿海地区随着经济社会的发展，对水资源的需求量不断增加，并要求达到较高保证率。一般情况下，跨流域调水工程的供水量受水源区丰枯变化影响，而且工程规模一旦确定，可能难以扩大，难以保障受水区不同时期的用水量需求。

水资源短缺是山东省的基本省情，也是山东省国民经济和社会发展的重要制约因素。海水是水资源的重要宝库，取之不尽，用之不竭。海水淡化工程建设周期短，需要场地小，海水资源丰富，而且水质稳定，较为适合沿海地区，可以作为水资源的有效补充，不影响区域水资源开发利用，取水不会对当地生态环境产生明显影响。对于山东这样一个海洋大省而言，海水淡化与综合利用产业发展是像铁路、公路、机场一样的重大基础性设施建设，海水淡化水是与粮食一样的基本民生需求，是与石油一样的工业"血液"。保障山东省水资源安全，既要节约用水，更要寻求增量。在充分发挥山东省已有调水工程作用的基础上，要把解决沿海地区水增量问题的突破口放在海水淡化上。

4.4.2 山东省海水淡化规模化应用规划

山东省是人口和工业大省，市政供水、战略储备用水、工业用水需求量均很大。截止到2017年年底，常住人口超过1亿，但本地淡水资源却极度匮乏，由于天气、污染或管网故障等原因极有可能出现断水现象，完全依靠"南水北调""引黄济青"工程很难满足市政用水，所以急需稳定水源填补空缺。根据山东省城区用地现状和未来规划，沿海岸线分布着大量的发电厂、化工厂、热电厂等工业用水大户。海水淡化水可以作为循环冷却水、锅炉用水节省企业开支。我国人均水资源量仅为世界人均的1/4，山东又是我国水资源极为匮乏的省份。按2016年的数据统计，山东全省水资源总量为220.32亿立方米，人均水资源量222.6立方米，仅为全国人均占有量的9.5%，在全国排名倒数第4位，远低于国际公认的年人均水资源警戒线（1700立方米），属于极度缺水地区。

按照山东省人民政府关于《山东省水安全保障总体规划》（鲁政字〔2017〕224号）的批复，考虑海岛、沿海工业园区以及沿海城市水资源现状及用水需求，合理规划海水淡化工程选址布局，优先解决淡水资源紧缺地区的用水需求。实施建设青岛市的即墨市田横岛、大管岛、小管岛及黄岛区灵山岛、斋堂岛、竹岔岛，烟台市的庙岛、螳螂岛、高山岛、车由岛、小钦岛、喉矶岛、砣矶岛、南长山岛、小黑山岛、大钦岛、大黑山岛、北隍城岛、南隍城岛、养马岛等20个海岛海水淡化工程，改造烟台长岛本岛一期1000米³/日海水淡化工程、砣矶岛200米³/日海水淡化工程、大钦岛200米³/日海水淡化工程，共新增海岛海水淡化规模17 715米³/日，升级改造工程总规模1400米³/日，解决驻岛军民及旅游业用水需求；实施青岛董家口海水淡化厂、华能青岛董家口海水淡化工程、大唐黄岛发电厂海水淡化工程、平度新河苦咸水淡化工程，日照岚山区虎山镇海水淡化工程、钢铁工业园区山东钢铁集团日照有限公司海水淡化工程，烟台牟平区沁水韩国工业园海水淡化工程、龙口市东海工业园南山集团有限公司海水淡化工程项目、龙口市东海工业园区山东南山铝业股份有限公司海水淡化工程，滨州鲁北高新技术开发区海水淡化工程等沿海工业园区海水淡化工程13个，新增工业园区海水淡化规模95万米³/日，补充工业生产用水；实施青岛蓝谷海水淡化厂、崂山区王哥庄海水淡化厂、青岛百发海水淡化厂、黄岛灵山卫海水淡化厂、黄岛古镇口海水淡化厂、威海荣成核电配套产业园开发有限公司20万吨/日海水淡化工程、潍坊清水源水处理有限公司山东潍坊滨海开发区5万吨/日海水淡化工程、中信恩迪（北京）水处理技术有限公司潍坊滨海海水淡化工程、中国光大水务有限公司潍坊滨海经济技术开发区海水淡化项目等沿海缺水城市海水淡化工程10个，新增海水淡化能力85万米³/日，主要补充市政供水，缓解城市居民生产、生活用水紧缺问题。到 2020 年，沿海地区新建、改建、扩建企业锅炉用水积极使用海水淡化水，已建企业逐步用海水淡化水替代，海水淡化水逐步纳入城市供水管网，具备条件的滨海企业循环冷却水尽可能采用海水直流冷却。到2030年，海水淡化技术进一步发展，海水淡化水利用量进一步增加。

4.5 青岛市海水淡化规模化应用规模及布局规划

4.5.1 青岛市水资源概况

（1）青岛市水资源总体情况

青岛市年降水量不到700毫米，年平均水资源总量21.5亿立方米，本地水资源可利用量为13.69亿立方米，人均淡水312立方米，占全国平均值的11%，远低于世界绝对缺水界限划定的人均500立方米的标准，属于严重缺水城市之一。青岛市共有河流224条，大中型水库23个，原则蓄水容量4.2亿立方米，且多靠降雨积累。但"靠天蓄水"根本不能满足青岛市供水需求，每年引黄济青约2.2亿立方米。

从2015年以来，青岛市地区连续3年降雨量偏少，导致持续多年的干旱。降雨偏少造成水库蓄水严重不足，棘洪滩水库承担着青岛市区90%的用水供应，现在水位线已经远低于正常水位线。全市23座大中型水库（不含棘洪滩水库）蓄水仅2 331.3万立方米，比历年同期少18 007.5万立方米。大沽河是青岛的母亲河，流经莱西、即墨、平度、城阳等区市，是城区供水和农业灌溉的重要水源，但目前几十千米的河床都是干涸状态。

（2）青岛市河流水系情况

青岛市地处胶东半岛，其河流均为季风区雨源型。全市流域面积

50平方千米及以上河流共74条，流域面积100平方千米及以上河流41条，流域面积1000平方千米及以上河流4条。流域面积50平方千米及以上的55条河流中，跨市河流19条，且均为省内跨市。流域面积1000平方千米及以上的河流全部为跨市河流，其中大沽河跨青岛市与烟台市，北胶莱河跨青岛市、潍坊市、烟台市，南胶莱河跨青岛市和潍坊市，小沽河跨青岛市与烟台市。见图4-2。

（3）青岛市水资源特点

1）水资源贫乏（详见2.4）

2）地区分布不均

青岛市地表水资源主要来源于大气降水，因此地表径流的地域分布总趋势和降水基本一致，由东南沿海向西北内陆递减。但由于地表径流受下垫面条件的影响较大，地域分布的不均匀性比年降水量更为明显。东南沿海的崂山山区径流深达400毫米以上，最大值达500毫米，是青岛市径流深的高值区，西北内陆的北胶莱河区年径流深仅有100毫米左右。在数值上，高值区约为低值区的4倍。地下水资源在山丘区与平原区也有较大差别，平原区地下水资源模数有的达20万米^3/千米^2，而山丘区有的仅4万米^3/千米^2。

3）年际、年内变化大

青岛市年径流深的年际变化比年降水量的年际变化要大（全市年径流变差系数为0.87，而年降水变差系数为0.27）。1956—2010年，最大年径流为1964年，全市总径流量75.64亿立方米，最小为1981年，全市总径流量4.45亿立方米，最大值与最小值之比17∶1。从年内变化情况看，青岛市70%～75%的降水集中在汛期（6～9月），其中7、8月份占全年的50%左右。这就决定了青岛市水资源的年际、年内变化较大。

4）连丰、连枯变化规律（详见2.4）

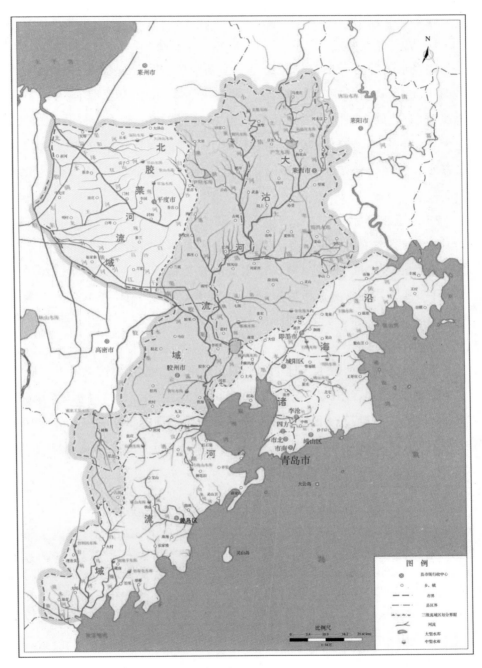

图4-2 青岛市河流水系图

（4）青岛市水资源现状

1）地表水资源量

地表水资源指天然河川径流量，主要受气候和下垫面条件的影响，同时人类活动对其影响也很大。根据《青岛市水资源综合规划》，全市现状年多年平均地表水资源总量15.42亿立方米（折合径流144.7毫米），在50%、75%和95%降水频率下，地表水资源量分别为11.72亿立方米、5.70亿立方米和1.39亿立方米。年径流量变差系数CV值一般为0.62~1.1。

2）地下水资源量

地下水资源量主要指与大气降水和地表水体有直接联系，并参与水分循环的浅层地下水。根据《青岛市水资源综合规划》，全市1980—2010年现状年多年平均地下水资源量为9.57亿立方米，其中平原区6.12亿立方米，山丘区4.03亿立方米，二者重复量0.58亿立方米。

3）水资源总量

水资源总量为地表水与地下水资源量之和（扣除互相转化量）。根据《青岛市水资源综合规划》，青岛市1956—2010年多年平均降水量691.6毫米，合计降水总量73.68亿立方米。全市水资源总量21.5亿立方米，其中地表水资源量15.42亿立方米（入境水量0.98亿立方米），地下水资源量9.57亿立方米，地表与地下重复计算量3.51亿立方米。见表4-17。

表4-17　青岛市多年（1956—2010）平均水资源量表

行政分区	降水量		地表水资源量 /亿米³	地下水资源量 /亿米³	重复计算量 /亿米³	水资源总量 /亿米³
	毫米	亿米³				
市内三区	737.3	1.047	0.333 1	0.19	0.144 7	0.378 4
崂山区	863.6	3.359 5	1.412 9	0.694 3	0.448	1.659 2
城阳区	705.6	2.956 6	0.809 8	0.498	0.181 5	1.126 3
黄岛区	741.8	15.421	3.599 5	1.889 2	0.850 8	4.637 9
即墨市	684.1	11.815 2	2.633 7	1.317 2	0.575 2	3.375 7

行政分区	降水量		地表水资源量 /亿米³	地下水资源量 /亿米³	重复计算量 /亿米³	水资源总量 /亿米³
	毫米	亿米³				
莱西市	681.8	10.377 1	2.074 2	1.351 9	0.396 6	3.029 5
平度市	640.3	20.270 9	3.127 7	2.558 8	0.492 1	5.194 4
胶州市	688.9	8.335 8	1.425 2	1.071 1	0.418	2.078 3
全市	691.6	73.681	15.416 1	9.570 5	3.506 9	21.479 7

（5）水资源可利用量现状

水资源可利用量是当地地表水可利用量、地下水可利用量之和，扣除二者的重复计算量。其中，地表水可利用量是指在可预见的时期内，在统筹考虑河道内生态环境和其他水的基础上，通过经济合理、技术可行的措施，可供河道外生活、生产、生态用水的一次性最大水量（不包括回归水的重复利用）。地下水可利用量是指在可预见时期内，通过经济合理、技术可行的措施，在不至于引起生态环境恶化条件下允许从含水层中获取的最大水量。

根据《青岛市水资源综合规划》，青岛市1956—2010年多年平均水资源可利用总量13.69亿立方米，其中地表水可利用量8.62亿立方米，地下水可利用量5.99亿立方米，地表与地下重复计算量0.92亿立方米。见表4-18。

表4-18 青岛市多年（1956—2010）平均水资源可利用量表（单位：亿米³）

行政分区	地表水可利用量	地下水可开采量	地表水与地下水间的重复量	当地水资源可利用量
市内三区	0.005 6	0.081 4	0.042 4	0.044 6
崂山区	0.118 2	0.317 9	0.123 4	0.312 8
城阳区	0.504 4	0.417 3	0.031 2	0.890 5
黄岛区	1.874 1	0.965 8	0.243 3	2.596 7
即墨市	1.041 6	0.690 3	0.165 1	1.566 8
莱西市	2.256 6	0.811 3	0.117 7	2.950 1

续 表

行政分区	地表水可利用量	地下水可开采量	地表水与地下水间的重复量	当地水资源可利用量
平度市	2.005 6	2.057 8	0.125 3	3.938 0
胶州市	0.809 0	0.646 3	0.066 9	1.388 4
合计	8.615 1	5.988 1	0.915 3	13.688 0

4.5.2 海水淡化在全域水资源构成预期目标

按照《青岛市全域水资源安全及开发利用规划（2016—2020）》，2020年城市水源供水能力达到9.61亿立方米，客水资源得到充分利用；2030年城市水源供水能力达到14.31亿立方米，城市供水安全保障程度持续提升。为实现青岛市水资源安全保障目标，应坚持"用足客水、预留主水"原则，在扩展调引客水资源的基础上，将海水淡化作为稳定水源纳入全市水资源平衡供需管理，实现海水淡化水平国内领先，并通过政策有效引导逐渐形成海水淡化持续利用机制，实现水资源结构优化。

根据《青岛市全域水资源安全及开发利用规划（2016—2020）》，2020年前，通过现有引黄济青渠道调引黄河水量增加0.489亿米^3/年，共计调引黄河水1.584亿米^3/年（引黄济青渠道渠首引水量2.33亿米^3/年，沿途经蒸发、渗漏等因素，进入棘洪滩水库水量为1.584亿米^3/年），长江水1.30亿米^3/年，通过现有引黄济青渠道调引的客水量共计2.884亿米^3/年；同时按照"用足客水、预留主水"的原则，实施第二条客水渠道——黄水东调工程，新增调引黄河水1.89亿米^3/年，客水总能力达到4.774亿米^3/年。2030年前，预计协调山东省政府开辟第三条客水渠道调引未来的长江水，新增供水能力4.7亿米^3/年，客水总能力达到9.474亿米^3/年。按照"保护为重、适度开发"的原则，新建8座中小型水库，实施10座大中型水库清淤工程，将新增城市供水水源能力4700万米^3/年。工程建成后，青岛市本地水资源开发潜力已极为有限。

在上述常规水源得到保障的情况下，为实现2020年城市水源供水能力达到9.61亿立方米的目标，亟须形成客水、本地水、海水、再生水等多水源联合调度、互为补充、安全可靠的多元化水资源保障体系。海水淡化作为稳定战略保障水源，2020年，确定纳入水资源平衡的海水淡化水量约为1.0亿立方米，需要每日稳定供水约28万立方米。考虑海水淡化厂负荷率及战略保障定位，2020年全市海水淡化装置能力应达到50万米³/日以上。

4.5.3 青岛市海水淡化发展规划

为解决青岛市用水短缺问题，增加供水储备，保障城市供水安全，构建城市独立供水体系，青岛市人民政府印发了《青岛市海水淡化产业发展规划（2017—2030年）》（以下简称《规划》），要求结合青岛市海洋资源优势和海水淡化产业发展特点，按照"先工业、后民用"的原则，推进海水淡化在工业用水领域规模化应用，推动海水淡化水作为市政用水补充水源。

《规划》提出：通过5~10年建设，确立海水淡化稳定水源及战略保障地位，纳入全市水资源平衡供需管理，近期重点扩大海水淡化规模，中期重点发展海水淡化关键装备研发制造，远期重点构建科技引领的海水淡化全产业链条，将青岛打造为全国海水淡化应用重点示范城市、国家级海水淡化产业基地、全球重要海水淡化装备制造中心。见图4-3。

到2020年，全市海水淡化产能达到50万米³/日以上，海水淡化对保障全市供水的贡献率达到15%以上，海水淡化对海岛饮用水的贡献率达到60%以上。

到2025年，全市海水淡化产能规模达到70万米³/日以上，海水淡化稳定水源及战略保障地位确立，全面纳入全市水资源平衡供需管理，自主创新能力进一步增强，产业规模进一步扩大，国家级海水淡化示范城市等试点示范作用充分显现。

到2030年，全市海水淡化产能规模达到90万米³/日以上，对全市水资源安全保障作用进一步增强，科技引领型海水淡化产业链条基本建立，技术研发和装备制造水平处于全国领先地位，培育形成国际、国内两个市场，成为国内海水淡化产业发展领军城市。

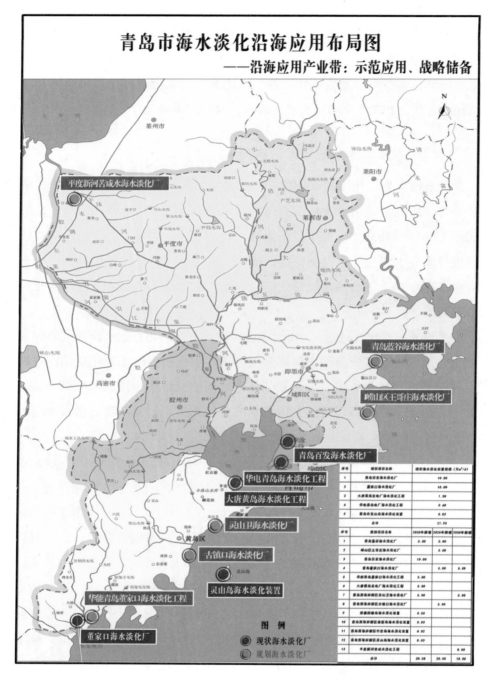

图4-3　青岛市海水淡化规划布局图

（1）海水淡化工业用水应用工程

在董家口经济区建设大型海水淡化工程，配套建设输送管网，向园区内企业供应不同品质的海水淡化水，实现园区内供水。鼓励沿海电力、化工、钢铁等企业自建或通过第三方投资建设海水淡化厂和专用输水管线，满足企业用水的同时，推进以"点对点"方式向周边用户供水。开展海水淡化水替代工程，沿海炼油、石化、化工、热电联产等高耗水产业的企业工艺用水逐步以海水淡化水替代，降低区内重化工业对淡水资源的依赖程度，优先满足市政用水需求。

（2）海水淡化市政用水应用工程

将海水淡化水作为保障城市水资源安全的战略选择，在青岛西海岸新区、青岛蓝谷等重点区域，建设以市政供水为目的海水淡化厂，统筹协调海水淡化水进入自来水厂和水库。开展试点示范，探索海水淡化水矿化直接进入市政管网，改善水资源结构，有序推动海水淡化水依法进入水源或市政供水系统。加强城市水源建设方案比选，从工程经济性、适用性和生态环境影响等方面对远程调水、开采地下水和海水淡化进行综合比较。

（3）海水淡化海岛用水应用工程

在面积较大的有居民海岛，发展中型海水淡化工程，保障驻岛居民饮水安全。在面积较小、人口分散的有居民海岛和具有战略及旅游价值的无居民海岛，建设小型海水淡化装置，促进旅游开发、生态岛礁建设，服务海岛开发与经济发展。

海水淡化与常规水源全周期产水成本对比分析

5.1 海水淡化全周期产水成本分析

目前我国的海水淡化产水成本主要由投资成本、运行维护成本和能源消耗成本构成。其中，运行维护成本包括维修成本、药剂成本、膜更换成本、管理成本和工资福利等。由于能源价格、人工成本不同，世界各地海水淡化成本各异。目前，国外海水淡化水产水成本为0.5～1美元/米³，以色列、沙特阿拉伯等大规模利用海水淡化水的国家，先进海水淡化项目的产水成本可降低到0.5～0.7美元/米³。根据原国家海洋局《全国海水利用报告》，2017年，我国海水淡化产水成本主要集中在5～8元/米³，其中，万吨级以上海水淡化工程产水成本平均为6元/米³，千吨级海水淡化工程产水成本平均为8.4元/米³。

随着技术的发展，海水淡化的成本总体呈下降趋势，但在不同的建设条件和运营条件下，不同海水淡化工程的成本差异较大。海水淡化成本随着规模的扩大而下降，在一定规模以下成本下降显著。一般认为，海水淡化工程的规模超过10万米³/日后，再扩大规模，对降低成本作用不明显。

海水淡化工程单位水量成本费用可分解为固定成本和可变成本。固定成本指成本总额不随产量变化的各项费用，主要包括工资或薪酬、固定资产折旧费、长期借款利息和其他费用。变动成本指成本总额随产品产量变化而发生同向变化的各项费用，主要包括蒸汽费、耗电费、药品消耗费、膜和滤芯更换费、维修费等。

5.1.1　海水淡化工程建设投资分析

（1）投资概况

海水淡化工程主要包括取水工程、预处理工程、淡化工程、后处理工程、公用工程、辅助工程等子工程。从工程投资角度，投资还可主要分为安装工程和建筑工程等。

对于不同海水淡化工艺、不同建厂条件、不同时间建成的海水淡化工程，工程投资有较大的差异，但一般来讲，反渗透海水淡化工程的投资要低于低温多效蒸馏海水淡化工程。

在目前的技术和市场条件下，反渗透海水淡化工程的单位投资为6000～9000元/（吨·日），低温多效蒸馏海水淡化工程的单位投资为8000～11 000元/（吨·日）。也就是说，对于一座1万吨/日的海水淡化工程，如果使用反渗透工艺，投资为6000万～9000万元；如果使用低温多效蒸馏工艺，投资为8000万～11 000万元。

（2）投资组成

以某10万吨/日海水淡化工程预算为例，对投资组成进行分析。对于两种工艺，设备投资均为主体，但低温多效蒸馏的设备投资比例更大。

1）10万吨/日反渗透海水淡化工程

按照投资用途，某10万吨/日反渗透海水淡化工程的投资构成如图5-1所示。

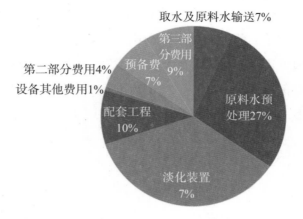

图5-1　某10万吨/日反渗透海水淡化工程投资构成（按投资用途）

按照投资类别，某10万吨/日反渗透海水淡化工程的投资构成如图5-2所示。

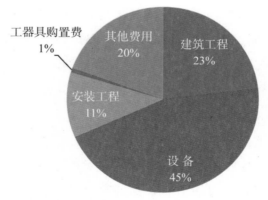

图5-2　某10万吨/日反渗透海水淡化工程投资构成（按投资类别）

2）10万吨/日低温多效蒸馏海水淡化工程

按照投资用途，某10万吨/日低温多效蒸馏海水淡化工程的投资构成如图5-3所示。

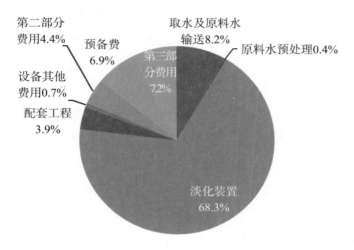

图5-3 某10万吨/日低温多效蒸馏海水淡化工程投资构成（按投资用途）

按照投资类别，某10万吨/日低温多效蒸馏海水淡化工程的投资构成如图5-4所示。

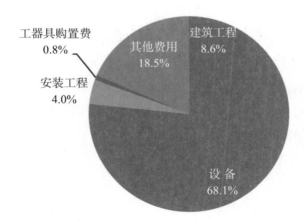

图5-4 某10万吨/日低温多效蒸馏海水淡化工程投资构成（按投资类别）

（3）工程实例

国内建设的部分大型海水淡化工程投资如下：华能玉环电厂3.456万吨/日反渗透海水淡化工程，19 244万元，2006年竣工；河北唐山曹妃甸5万吨/日反渗透海水淡化工程，约4.2亿元，2010年开工；天津经济技术开发区1万吨/日低温多效蒸馏工程，1.6亿元（其中设备890万美元，土建工程按照2万吨/日产能设计），2006年建成；天津北疆发电厂低温多效蒸馏海水淡化工程一期（第一部分）10万吨/日，1.2亿美元（设备费），2010年投产；天津北疆发电厂低温多效蒸馏海水淡化工程一期（第二部分）10万吨/日，1.1亿美元（设备费）。

（4）青岛市海水淡化项目投资概况

1）青岛水务碧水源海水淡化项目

2016年10月董家口碧水源海水淡化项目正式投产运营，2018年实际供水2500万吨，良好地满足了董家口经济区园区用水需求。青岛水务碧水源海水淡化项目设计产能为30万吨/日，一期建设规模为10万吨/日，一期建设投资约为5.5亿元，一期海水淡化项目的单位投资为5500元/（吨·日）[①]。

2）百发海水淡化项目

百发海水淡化项目2018高峰日供水8.2万立方米，2019上半年高峰日供水8.3万立方米，2018年供水总量2105万吨。百发海水淡化项目总规模为10万吨/日，总投资约为115 780万元，海水淡化项目的单位投资为11 578元/（吨·日）[②]。由于历史原因，百发海水淡化项目的主要股东——西班牙阿本戈公司也是海水淡化设备的生产商和提供商，百发海水单项目的设备大部分为进口设备，因此百发海水淡化项目的总投资和单位吨水投资均远高于同类项目。该项目建设投资较高，因此在运营生产中每年的折旧摊销费用、膜更换费用等运营成本也较高。

5.1.2 海水淡化运营成本分析

（1）海水淡化制水成本构成

海水淡化制水成本主要包括药剂费、能源费、工资福利费、维修（不含膜更换和大修）费、膜和滤芯等组件更换费、其他管理费、折旧摊销

---

① 数据来源于碧水源提供的实际投资、生产、运营数据。
② 数据来源于青岛百发提供的实际投资、生产、运营数据。

费、财务费等，其中药剂费、燃料动力费、工资福利费、维修（不含膜更换和大修）费、膜和滤芯等组件更换费、其他管理费组成经营成本。不同淡化技术具体成本构成具有一定差异，具体如下：

1）反渗透法成本构成

能源费：主要为电费。由于目前反渗透法海水淡化设备普遍采用能源回收装置降低能耗，反渗透装置耗电量已有较大程度的下降，但仍在经营成本中占据较大比重。

维修费：维修费一般按实际发生取值，由于膜和滤芯更换费用较高，所以单独考虑，不包含在维修费用中。若实际发生值无法测定，则在成本估算中可以按照折旧费的20%考虑。

人员费：视当地工资水平及设备管理需求确定。

药剂费：主要包括海水沉淀、清除海生物以及化学品消耗费用等。

其他费用：主要指未包含在上述费用中的生产运营中产生的其他费用。

折旧摊费：一般情况下按厂房折旧年限不低于20年[①]。根据财务制度中关于生产用房的折旧期限规定[②]，海水淡化厂房按40年考虑，残值率为5%[③]；由于财务制度中没有规定海水淡化设备的使用期限，参考自来水设备的使用期限，按25年考虑，残值率为5%[④]。

财务费：主要包括融资费用、利息等，一般根据实际签订的合同贷款进行测算。

2）低温多效法成本构成

能源费：由电费及蒸汽费两部分组成，是蒸馏法主要成本。由于各国能源价格不同，蒸馏法燃料动力费占总成本比例在40%～60%。

维修费：维修费一般按实际发生取值，若实际发生值无法测定，则在

---

① 折旧年限依据《中华人民共和国企业所得税法实施条例》的规定："固定资产计算折旧的最低年限如下：（一）房屋、建筑物，为20年。"

② 《财务制度》中规定生产用房使用期限为30～40年。

③ 残值率根据《国家税务总局关于做好已取消的企业所得税审批项目后续管理工作的通知》（国税发〔2003〕70号）第二条之规定：固定资产残值比例统一为5%。

④ 《财务制度》中规定自来水设备使用期限为15～25年。

成本估算中可以按照折旧费的20%考虑。

人员费、药品消耗费、其他费用、折旧摊销费和财务费的记取标准等与反渗透法相同。

随着技术的发展，海水淡化的成本呈下降趋势。在不同的建设条件和运营条件下，不同海水淡化工程的成本差异较大。在较为优化的条件下，在我国北方建设大型海水淡化工程，其成本可在5元/米³以内。如果海水水质较差，不能使用廉价能源，其成本将超过5元/米³。如果工程不能满负荷运行，成本将大幅上升，可能超过7元/米³。

作为投资项目，如果海水淡化项目以商业模式运作，投资商在运营海水淡化项目时，需要交纳增值税、所得税等，在还款期内偿还银行贷款本金和利息，并取得合理收益。一般情况下，为保证项目在微利下运营（内部收益率8%左右），海水淡化水的合理售价应为成本的1.3倍左右。即对于成本为5元/米³的海水淡化水，其售价应为6.5元/米³左右。

（2）蒸馏和反渗透海水淡化制水成本统计学分析

1）吨水成本随年代呈下降趋势

海水淡化成本受多种因素制约，如水质、盐度、规模、地区、劳动力价格等，难以统一比较。采取统计的方法，可对各种淡化厂成本的趋势有大体的了解。德国汉堡大学Zhou Yuan曾经对2002年以前的海水淡化成本情况进行了统计分析。假定年度贴现率为0.08，淡化厂寿命为30年，成本的60%为操作费用，以1995年的美国消费价格指数为基准，将其他年份的投资进行转换，结果如下：

444个多级闪蒸海水淡化工厂单位制水成本随年代和规模下降明显，2000年以后降到了1美元/米³以下。

458个多效蒸馏工程，成本随年代和规模逐渐降低，最低不到0.7美元/米³。

482个海水反渗透工程，1975年的成本为5美元/米³，以后成本随年代最低降低到0.5美元/米³左右。成本随规模变化的规律与多级闪蒸相似。

随着技术进步、规模扩大、建设和运营的程序化和科学化，蒸馏和反渗透海水淡化的成本都呈逐年下降趋势，如图5-5～图5-8所示。

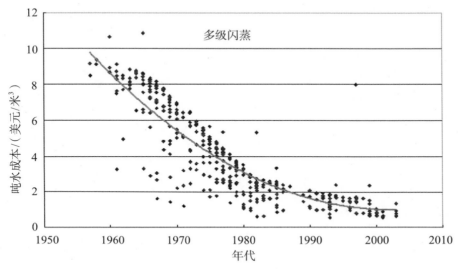

图5-5 多级闪蒸吨水成本随年代的变化

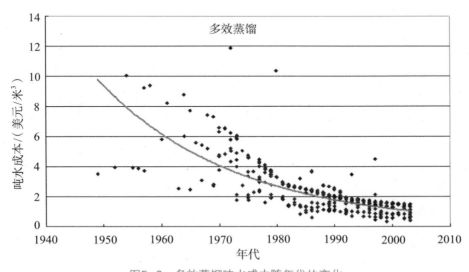

图5-6 多效蒸馏吨水成本随年代的变化

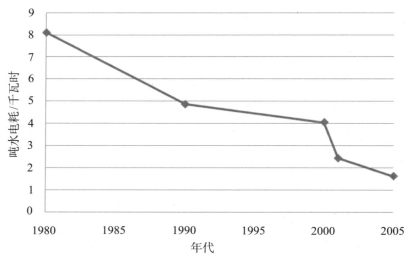

图5-7　反渗透海水淡化的造水能耗下降情况

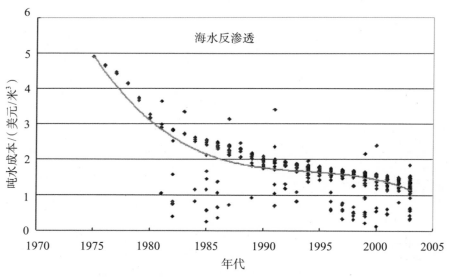

图5-8　反渗透吨水成本随年代的变化

2）吨水成本随规模扩大呈下降趋势

随着全球缺水形势的严重，海水淡化装置规模也在不断扩大，其成本也显示了下降的趋势。

吨水成本随规模变化关系见图5-9～图5-11。

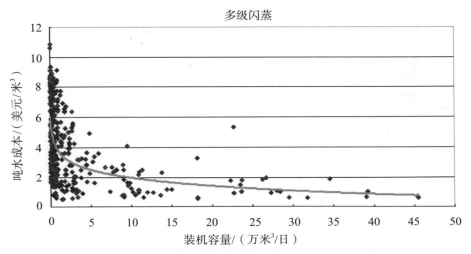

图5-9 多级闪蒸吨水成本随规模的变化

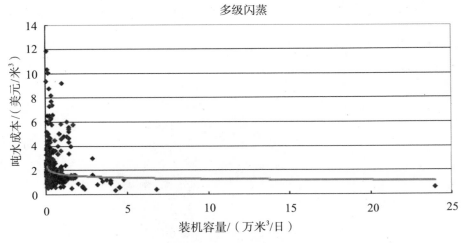

图5-10 多效蒸馏吨水成本随规模的变化

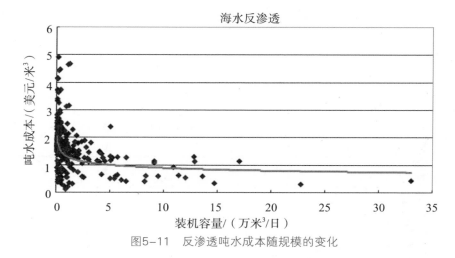

图5-11 反渗透吨水成本随规模的变化

由图5-9~图5-11看出，海水淡化吨水成本随着规模的扩大而下降。在一定规模以下，吨水成本下降显著，但超过某规模成本下降的趋势就不是很明显了。一般认为，海水淡化工程的规模超过10万吨/日后，再扩大规模，对降低成本作用不明显。

（3）海水淡化吨水成本构成

海水淡化吨水成本主要包括药剂费、电力费、蒸汽费、膜更换费、工资、大修及维检费、折旧费、贷款利息、管理费等。以某10万吨/日海水淡化工程为例对成本进行具体分析，如图5-12、图5-13所示。

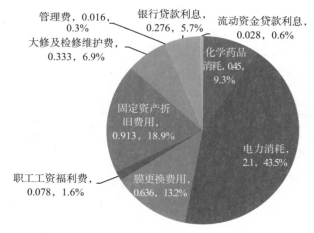

图5-12 某10万吨/日反渗透海水淡化工程成本构成（单位：元/米³）

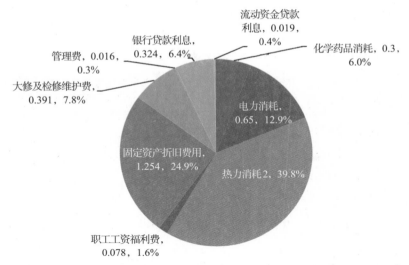

图5-13 某10万吨/日低温多效蒸馏海水淡化工程成本构成（单位：元/米³）

从图5-12、图5-13可以看出，对于反渗透工艺，电力消耗是成本的主要组成部分；对于低温多效蒸馏工艺，热力消耗是成本的主要组成部分。

5.1.3 国内部分海水淡化厂全周期成本分析

目前，国内还没有统一核算的标准和规范，不同行业、企业对中间产品估价差别很大，取值条件不一致。例如，钢铁、电力行业对海水淡化水水质要求、取水设施成本、设计规范差别、项目电价补贴和税赋减免等因素都会影响到吨水投资成本和运行成本的计算结果。随着技术的发展，我国海水淡化成本为5～10元/米³。常见海水淡化技术综合成本构成对比详见表5-1。

表5-1 常用万吨级海水淡化技术成本对比（单位：元/米³）

技术种类	技术名称	投资成本		综合制水成本
		国产设备	进口设备	
热法	多级闪蒸		12 000～18 000	7～17
	低温多效蒸馏	9000～12 000	12 000～18 000	5～14
膜法	反渗透	6000～8000	8000～10 000	5～10

我国典型海水淡化工程制水成本比较如表5-2所示。

表5-2 国内典型海水淡化工程投资与制水成本比较

项　目	华能浙江玉环电厂海水淡化工程	曹妃甸京唐钢铁水淡化工程	天津大港新区新泉海水淡化厂
工程规模/ （万米³/日）	3.56	5.0	10.0
海水淡化工艺	SWRO	MED	SWRO
竣工年份	2007	2009	2009
水域	东海	黄渤海	渤海
预处理工艺	膜法	混凝沉淀	膜法
取水工序	不含	不含	包含
后处理工序	无	无	无
电价/［元 /（千瓦·时）］	0.3（自发电）	0.37（自发电）	0.68
当地水价/ （元/米³）	3.1	4.7	6.3
用水性质	锅炉补给水 （两级反渗透）	锅炉补给水和 工艺用水	锅炉补给水和 工艺用水
吨水投资/ ［元/（米³·日）］	5577	13 200	10 200
制水成本/ （元/米³）	6.18	6.5	7.58
电价/［元/（千 瓦·时）］	0.3（自发电）	0.37（自发电）	0.68

注：制水成本由企业按照各自的取费标准计算得到。天津大港新区新泉海水淡化厂吨水投资相对较高，其原因是该项目总规模15万米³/日，在一期建设中基础设施大都按照15万米³/日规模建造。

5.1.4　青岛市海水淡化厂全周期成本案例测算

（1）青岛水务碧水源海水淡化项目运营成本概况

根据碧水源公司对青岛董家口经济区海水淡化PPP项目投标文件测算（即为满负荷运转下海水淡化成本测算），青岛水务碧水源海水淡化项目成本构成如表5-3所示。

表5-3　青岛水务碧水源海水淡化项目成本构成表

序号	吨水价格组成分项	数额/（元/米³）
1	各项药剂费	0.49
2	动力费	2.39
3	工资福利费	0.04
4	设备设施维修保养费（含各类膜材料更换等费用）	0.29
5	各项管理费	0.05
	经营成本	3.26
6	折旧摊销费	0.51
7	其他费用	0.29
	海水淡化制水成本	4.06

综上，初步判断青岛水务碧水源海水淡化项目在满负荷运转的情况下，经营成本为3.26元/米³，制水总成本为4.06元/米³。

（2）青岛百发海水淡化一期项目运营成本概况

青岛百发海水淡化厂成本构成主要分为变动成本和固定成本，测算表格见表5-4。根据百发测算结果，可以得出项目满负荷运行的情况下，海水淡化项目的运营成本为4.41元/米³，制水成本为7.25元/米³。

表5-4　青岛百发海水淡化一期项目成本分析表（日供10万吨）

一、供水量/万吨	3600		
二、变动成本/（元/米³）	单耗		吨水成本
	单位耗用量	单价	
1.电费	4.08	0.556	2.26
2.药耗	3096		0.86
小计			3.12
三、固定成本	总金额/万元		吨水成本
1.泵站租赁费	1300		0.36
2.技术指导费	43		0.01
3.膜组件消耗及更新费用	1706		0.47
4.修理费	576		0.16
5.其他管理费用	327		0.09
6.其他制造费用	300		0.08
7.折旧及摊销	3443		0.96
8.人工费	430		0.12
9.财务费用	5042		1.40
经营成本=变动成本+固定成本（1+2+3+4+5+6+8）			4.41
制水总成本=经营成本+折旧摊销+财务费用+税			7.25

（3）青岛百发海水淡化二期项目运营成本概况

随着城市需水量的进一步增长，根据中共青岛市委青岛市人民政府印发的相关文件、《青岛市海水淡化矿化规划（2017—2030）》《青岛市海水淡化产业发展规划》以及"美丽青岛三年行动"等相关规划，青岛百发海水淡化厂启动了二期项目建设，扩建工程10万米³/日，产能主要向市政水厂或管网供水。现阶段，项目前期工作已经基本完成。

按照项目申请报告，青岛百发海水淡化厂成本构成主要分为变动成本和固定成本，测算见表5-5。根据测算结果，可以得出项目满负荷运行的情况下，海水淡化项目的运营成本为3.28元/米^3，总制水成本为4.83元/米^3。

表5-5　青岛百发海水淡化二期项目成本分析表（日供10万吨）

供水量/万吨	3600		
变动成本/（元/米^3）	单耗		吨水成本
	单位耗用量	单价	
1.电费	2.98	0.556	1.65
2.药耗	1380		0.38
小计			2.04
固定成本	总金额/万元		吨水成本
1.泵站租赁费	1300		0.36
2.技术指导费	43		0.01
3.膜组件消耗及更新费用	962		0.27
4.修理费	669		0.19
5.其他管理费用	510		0.14
6.其他制造费用	600		0.17
7.折旧及摊销	2906		0.81
8.人工费	400		0.11
9.财务费用	2664		0.74
经营成本=变动成本+固定成本（1+2+3+4+5+6+8）			3.28
制水总成本=经营成本+折旧摊销+财务费用+税			4.83

　　对比青岛百发一期项目，二期扩建项目制水成本大幅度降低，主要原

因包括3个方面：一是随着技术水平的提高，海水淡化单位制水的能耗水平大幅度提升；二是随着我国海水淡化装备水平的提高，二期扩建项目主要设备为国产设备，项目建设投资大幅度降低，折旧摊销费减少；三是财务费用极大降低，一期项目因为涉及转让，贷款利息财务费用高，二期扩建项目主要由青岛水务集团投资，贷款比例低，财务费用大大降低。

（4）黄岛发电厂海水淡化项目总成本分析

2004年和2006年建成的山东黄岛发电厂3000吨/日低温多效蒸馏海水淡化项目和3000吨/日反渗透海水淡化项目运营成本分别为4.73元/米³、4.41元/米³。两套海水淡化装置均依托发电厂建设，没有建设海水取水工程和浓海水排放工程，淡化装置均使用发电厂自用电，蒸馏淡化装置使用发电厂低品位蒸汽，没有使用银行贷款，成本构成中也没有银行贷款利息。见表5-6。

表5-6　山东黄岛发电厂海水淡化装置成本分析（单位：元/米³）

项目	低温多效	反渗透
药剂消耗	0.36	0.4
电力消耗	0.61	1.44
工资福利费	0.45	0.45
维修费	0.41	0.25
管理费	0.12	0.12
蒸汽消耗	1.6	0
膜更换费	0	0.96
运行成本合计	3.55	3.62
固定资产折旧	1.18	0.79
造水总成本	4.73	4.41

（5）相关分析说明

通过对上述4个运营海水淡化厂全周期成本进行分析，不同负荷下各海水淡化厂的全周期制水成本中各项比例对比如表5-7所示。

表5-7 吨海水淡化水造水总成本比例一览表

序号	成本明细	董家口海水淡化	青岛百发海水淡化	青岛百发海水淡化二期扩建	黄岛发电厂海水淡化（反渗透）	黄岛发电厂海水淡化（低温多效）	平均值
1	经营成本	80.30%	58.62%	67.95%	76.41%	75.05%	71.67%
1.1	药剂费	12.07%	11.86%	7.94%	9.07%	7.61%	9.71%
1.2	燃料动力费	58.87%	31.17%	34.27%	32.65%	46.72%	40.74%
1.3	工资福利费	0.99%	1.66%	2.30%	10.20%	9.51%	4.93%
1.4	维修费	–	2.21%	3.85%	5.67%	8.67%	5.10%
1.5	膜、滤芯组件更换费	7.14%	6.48%	5.54%	21.77%	–	10.23%
1.6	其他费用	1.23%	7.45%	6.39%	2.72%	2.54%	4.07%
2	折旧摊销费	12.56%	13.24%	16.72%	17.91%	24.95%	17.08%
3	财务费用	7.14%	19.31%	15.33%	–	–	13.93%
4	运行成本/（元/米³）	3.26	4.41	3.28	3.62	3.55	
5	造水总成本/（元/米³）	4.06	7.25	4.83	4.41	4.73	

　　电费和蒸汽费等能源费用是海水淡化装置最主要的成本费用，可超过总成本费用的40%。固定资产折旧费和财务费用也占比较高，可超过总成本的30%。固定资产折旧费、财务费用以及修理费均以建设投资额为基础进行取费计算，与固定资产投资相关。而药剂费、人工福利费所占比例较小，且费用相对恒定，对总成本的变化影响不大。综上所述，确定成本的主要影响因素为生产负荷、建设投资、能源费用，次要因素为用药剂费和膜的更换费。

总体上，通过上述分析可以看出，满负荷运转时，除青岛百发海水淡化厂一期项目因项目投资及财务费用原因制水成本较高外，青岛市其他运行的规模化海水淡化厂项目制水成本全部低于5元/米^3。

5.1.5 降低海水淡化产水成本的主要举措

（1）降低能源成本

现行政策下，海水淡化厂用电价格执行工业用电标准，用电价格较高，不能享受政府电价补贴。海水淡化厂核定价格时，建议多个部门协调，出台相关优惠政策，从根源上降低海水淡化成本，扩大海水淡化应用能力。鼓励更多的热电厂采取水电联产的方式建设海水淡化项目，即海水淡化厂依托电厂建设，主要原因有两点：① 海水淡化厂可以借用电厂的海水和排水设施，节约海水淡化工程投资。② 海水淡化厂可使用发电厂的厂用电和廉价乏蒸汽，降低运行成本。对于蒸馏海水淡化，宜尽可能使用低品位蒸汽，以降低对发电的影响，降低蒸汽成本。

（2）设备国产化

通过前述分析可得，设备投资是项目建设投资的大头，建设投资规模直接影响生产运营中固定资产折旧和维修费用。在项目前期建设中能够采用国产化的设备尽量不进口，关键设备、膜、药剂等努力实施技术创新突破，加速实现国产化，进一步降低工程造价和运行成本。在科技部和地方政府的支持下，国内研究机构、企业正在进行技术攻关，有望取得部分关键技术和关键设备的突破。设备国产化对成本降低的作用如下：① 关键设备如蒸馏海水淡化的蒸发器、反渗透海水淡化的膜组件、高压泵、能量回收装置的国产化将降低工程投资，从而有望降低成本0.1 ~ 0.2元/米^3。② 关键材料如药剂等的国产化，有望降低成本0.1元/米^{3}左右。

（3）提高设备利用率

设备利用率对海水淡化成本影响显著。通过前述分析可以得出，制水成本中的人工费、折旧和摊销费、财务费等固定成本并不根据实际生产进行变化，且所占比重较大，因此只有提升设备利用率、提高设备负荷，才有利于吨水固定成本的下降。目前青岛市两个实际运行项目的制水成本居高不下的原因主要是负荷较低，吨水折旧摊销费、财务费用居高不下。

（4）优化运营条件

海水淡化系统的能耗、膜组件使用寿命、药剂费、维修费与运营水平的关系很大，从而对生产海水淡化水成本造成较大影响。提高运营队伍的技术水平，是降低淡化成本的重要措施。

（5）点对点供水

点对点供水指海水淡化厂生产的淡水通过专用管道输送给附近特定用户。由于输送距离短，不使用市政管网，输送成本相对较低。

5.2　水库蓄水全周期产水成本分析

水库调水方式的常规成本主要为水库的建设成本，全周期成本主要包括水库建设成本+长距离输水管道建设成本+沉没成本。青岛市规划建设官路水库全周期成本测算如下。

（1）水库建设成本

按照规划，官路水库日供水量为25万立方米，自来水供水成本由水库运营成本与净化水成本两部分组成。官路水库估算总投资约为17.4亿元[①]，按照项目建设期3年，运营期27年，水库正常运营后年供水成本测算如表5-10所示。

---

① 数据来源：《青岛市全域水资源安全及开发利用规划》。

表5-8 官路水库年总成本测算表

序号	成本项目	年成本
	年供水量/（万立方米）	9259
1	水库供水成本	2.54①
2	修理、维护费/万元	289
3	工资及福利费/万元	100
4	动力费/万元	394
5	其他费用	628
6	年折旧费用/万元	6852
7	年摊销费用/万元	819
8	年均财务费用/万元	2652
9	经营成本（1+2+3+4+5）	24 929
10	总成本费用合计（6+7+8+9）	35 252

有上述数据可测算出官路水库向水厂供水价格为3.77元/米³。青岛市已经采取BOT方式运作自来水厂，自来水净化成本为1~2元/米³。官路水库水源作为自来水原水进行供水的，总供水成本为5~6元/米³。

（2）长距离输水管线建设成本

长距离输水管线主要为官路水库向水厂供水建设的管道。根据官路水库与净水厂的距离不同，输水管线的建设成本不同，参考其他同类输水管道建设情况，按照项目建设期3年，运营期27年初步测算，长距离输水管线建设成本为0.5~1元/米³。

（3）水库建设的沉没成本

水库建设的沉没成本主要指建设水库、开挖管线等占用土地、林地等自然资源发生的相关不可计取的费用。

---

① 引黄济青工程调引长江水、黄河水实行两部制综合水价，具体标准为：基本水价0.782 3元/米³，计量水价1.257 2元/米³。参考产芝水库、尹府水库向青岛和本地非农业供水价格为0.5元/米³（不含水资源费），因此水库供水成本约为2.54元/米³。

总体上，在不考虑水库建设沉没成本的情况下，水库供水的供水成本为5.5～7.0元/米³。

5.3 南水北调全周期产水成本分析

目前，山东省水资源总需求量保持在210亿吨左右，用水量居高不下；全省用水很大程度上依赖跨流域调水，外水入鲁占比超过30%。为对比海水淡化，对南水北调全周期产水成本做统计分析。

现阶段，山东省淡水价格实行政府定价，农业用水2元/米³，市政用水3.5～3.8元/米³，工业用水用户价4.5～5.5元/米³。根据山东省水利部门统计，南水北调水价在政府交纳2.8亿元基础上，全线平均水价3.53元/米³。如果按照市场价估算，仅仅将工程投资费用、土地占用费、设备费等计入南水北调东线调水工程，调水全周期成本水价为7～12元/米³[①]；若将资源水价、环境水价、生态水价、机会成本、工程水价、利润和税金，以及因引水而造成的环境和其他间接损失计入调水成本，水价将远超过10元/米³。

5.4 海水淡化与常规水源全周期成本分析

5.4.1 海水淡化与常规水经济性分析

目前世界上常用的淡水取用方式主要有地下取水、远程调水、海水淡化等。其中海水淡化水是高品质水，水质远高于其他供水水源。现阶段，

① 数据来源：《山东省海水淡化与综合利用产业发展三年推进计划（2020—2022年）》（征求意见稿）。

我国海水淡化工程建设完全按照市场化方式运作，资金来源主要为自筹和银行贷款，与长距离调水、兴建大型水库等供水方式比较，缺少直接或间接财政补贴。海水淡化水价格制定不仅需要考虑运行成本，还要考虑投资效益，以完全成本参与水市场竞争，导致海水淡化水价格相对较高。但随着海水淡化技术不断进步，海水淡化水制水成本呈不断下降趋势。如果抛开政府补贴等政策性因素而单从经济技术方面分析，海水淡化水单位成本具有一定竞争力。

目前，我国城市供水价格即终端用户水价，由自来水价格、污水处理费、水资源费（受益地区还加收了南水北调基金）等构成。各地区主要根据本地的实际情况制定水价，价格受当地缺水情况及经济发展状况等因素影响。一般来讲，在水资源较为短缺的地区水价较高，在水资源较为丰富的地区水价较低。我国主要沿（近）海城市自来水供水价格情况如表5–11所示。沿（近）海城市的民用自来水价为1.85～4.90元/米^3，工业用水价2.40～7.85元/米^{3}不等。

表5–9　2017年12月全国主要沿（近）海城市水价（单位：元/米^3）

城市	自来水单价（含污水处理费）					再生水单价
	居民生活	工业	行政事业	经营服务	特种行业	
北京市	5.00	9.92	9.83	9.70	161.68	3.50
大连市	3.10	4.40	4.40	6.20	21.70	0.75
营口市	2.65	4.15	4.15	6.60	13.65	
锦州市	2.45	4.15	4.10	6.00	13.00	
葫芦岛	2.64	3.74		6.74	11.54	
天津市	4.90	7.85	7.85	7.85	22.25	5.70
秦皇岛	3.60	6.04	6.04	6.04	24.96	
唐山市	3.35	5.84	5.84	5.84	26.49	0.91
沧州市	4.00	6.26	6.26	6.26	17.50	0.90
滨州市	2.30	2.80	2.70	4.30	0.90	

续　表

城市	自来水单价（含污水处理费）					再生水单价
	居民生活	工业	行政事业	经营服务	特种行业	
烟台市	2.90	3.40	3.40	3.50	9.26	1.20
青岛市	2.50	3.45	3.05	3.35	3.85	1.00
威海市	2.85	3.70	3.70	3.70	6.85	1.40
日照市	2.81	3.11	3.11	3.11	5.85	0.70
上海市	2.93	3.70	3.70	3.70	12.30	0.90
宁波市	3.20	5.95	5.95	5.95	12.80	
舟山市	3.50	3.60	3.50	4.60	7.40	
嘉兴市	2.50	5.00	4.60	4.60	6.90	
杭州市	1.85	3.55	3.25	3.25	4.30	1.00
台州市	2.40	3.68	3.53	3.68	6.23	
南通市	2.60	3.00	2.60	3.00	4.30	
盐城市	2.28	4.00	1.35	4.00	4.45	
连云港市	2.95	3.60	3.60	3.60	5.57	
厦门市	2.80	3.00	2.80	3.00	4.30	1.20
泉州市	2.45	2.70	2.45	2.70	3.60	
广州市	2.88	4.86	4.66	4.86	22.00	
深圳市	3.20	4.40	4.40	4.55	11.00	
汕头市	2.60	2.70	3.60	3.90	5.50	
珠海市	2.64	2.49	3.30	3.35	6.30	
汕尾市	2.18	2.40	2.65	3.70	4.70	
湛江市	2.41	2.64	2.66	3.56	4.40	

5.4.2　青岛市海水淡化与常规水经济性分析

　　以青岛市为例，从全周期产水成本分析，青岛市海水淡化水成本已经低于即将建设的官路水库、南水北调等大型供水项目全周期产水成本。因此，从成本角度看，海水淡化水在市政供水已经具有了相当大的成本优势，应该成为青岛市常规水源和应急水源的重要来源。

在市政用水领域，目前青岛市城市用水95%依靠引黄引江客水，南水北调客水制水全周期成本为7~12元/米³。青岛百发海水淡化厂、青岛董家口海水淡化厂满负荷情况下，测算制水成本已经低于5元/米³ [1]，矿化后每吨水成本增加0.12元/米³，可达到市政供水标准。客水制水成本中未包括调蓄水库建设、远距离管网铺设、移民拆迁等成本，而海水淡化水则为从源水到终端的全过程成本，从全成本角度比较，海水淡化水与南水北调长距离调水相比已具有较大的价格优势，且具有建设速度快、稳定可靠、取之不竭的特点。

在工业用水领域，工业用自来水价格为5.4元/米³（含污水处理费），若作为锅炉工艺用水还需经过软化除盐处理，综合成本为11~13元/米³。海水淡化水除盐成本相对较低，综合成本为10~11元/米³，在电力、化工等产业领域，采用海水淡化水作为工艺用水 [2]，具有明显的竞争优势。由于工业用水水量较大，通过海水淡化水置换淡水，可以有效节约淡水资源。

海水淡化水可以直接获得饮用水，而传统的方式要通过建设水库、输水管网、净水厂获得饮用水。由于当前青岛市自来水设施经过长期运行，各种沉没成本因素较高，成本失真相对严重，缺乏可比性。

综合考虑社会效益、生态效益，建设海水淡化设施与传统利用淡水资源新建市政供水设施相比具有明显综合优势。

---

[1] 青岛百发海水淡化厂、青岛董家口海水淡化厂建设规模均为10万米³/日。百发海水淡化厂设备全部由西班牙进口，项目总投资约11亿元，董家口海水淡化厂大部分设备采用国产，项目总投资约5.5亿元，百发海水淡化厂运营成本中折旧摊销费用远高于董家口海水淡化厂。满负荷运转时，百发海水淡化厂制水成本约为7.25元/米³，董家口海水淡化厂制水成本约为5元/米³。

[2] 《全国海水利用"十三五"规划》要求：凡是具备使用海水淡化水或直接利用海水的电力、石化、冶金、印染等高耗水行业新建、扩建项目，应充分开展水资源论证，优先采用海水淡化或海水循环冷却等海水利用技术。

表5-10 传统供水设施与海水淡化设施综合比较

供水方式	传统供水设施	海水淡化设施
土地占用	水库占用农田面积较大，有时需要大量移民，费用相当昂贵；水厂占用城市用地面积大于淡化设施；长距离的输水管网更占用土地	占地面积相对较小，具有潜在土地出让所得收益；一般不需要建长距离输水管网，可以直接连接城市管网
水质指标	南水北调东线由于利用历史上形成的现有的河湖水系，水质存在波动，引江水原水水质指标如硫酸盐、氨氮等相对偏高；水库蓄水地表径流水受环境影响大	海水淡化水作为一种高品质的海水淡化水，具有低盐、低电导、低硬度等特点，可以调节，不受环境因素影响，接近于纯水，水质较好
产水成本	在不考虑资源水价、环境水价、生态水价、机会成本等情况下，水库调水、山东半岛南水北调东线供水成本分别为5.5～7.0元/米³、7～12元/米³，产水成本高	全周期总产水成本价格已经小于5元/米³，在市政、工业用水领域已经具有较大价格优势
资金占用	水厂投资可采用项目融资，但水库建设基本依靠财力投资，而且建成后需每年投入大量维护资金	淡化设施建设可采用项目融资等市场融资方式，只需投入部分财力资金进行引导
资源占用	淡水可利用资源有限，传统供水方式仅能改变淡水资源空间分布，而不能增加淡水资源总量	海水资源取之不尽，用之不竭，海水淡化将直接增加淡水资源总量，有利于可持续发展
生态影响	往往以牺牲生态环境和生态用水为代价换取城市用水，加剧生态用水的短缺，破坏生态环境	发展海水淡化可以减少淡水资源的占用，意味着还淡水于自然，有良好的生态效益
操作难度	大型供水工程，由于占地大、对环境影响大、涉及国家资源的平衡等，前期工作复杂，项目操作难度大	规模和布局灵活，占地少，对环境影响小，项目操作简单

海洋强国战略下海水淡化产业链的构建

6.1 海水淡化产业链概述

海水淡化产业链宽广，上游产业包括关键材料、设备（如反渗透膜、高压泵、低温多效蒸发器等）及配套产品（如管材、药剂等）的加工生产，主导产业包括海水利用工程设计、生产、管理、服务的全过程，下游产业链可延伸至供水、环境工程和浓海水综合利用等产业（图6-1），不仅可缓解沿海地区水资源短缺，还可在内陆地区应用实现工业废水的近零排放，有效促进产业结构的调整、优化、升级。海水淡化技术及装备的发展不仅可带动材料、化工、自动化等的进步，而且可对传统产业进行技术改造，实行清洁生产，在电子、电力、生物工程、医药（疗）、化工和环保等领域发挥重大作用。海水淡化可对污水等进行深度处理，使之资源化，可利用废热、余电，使能量更合理利用，水、电和热的成本进一步降低，也有助于生态环境的改善。

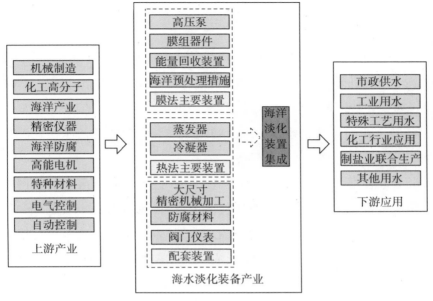

图6-1　海水淡化装备制造业产业链

6.2　海水淡化装备制造业概述

6.2.1　海水淡化主要装备

反渗透海水淡化装置核心部件主要由膜组器件、高压泵、增压泵、能量回收装置和过滤器组成。高压泵和增压泵为膜堆提供所需要的渗透压；膜组器件对原水进行膜分离；能量回收装置提高能量利用效率，降低整体运行能耗；过滤器对原水进行预处理，确保进水水质。

热法海水淡化主体装备包括蒸发器和冷凝器，两者结构相似，而且均为非定型产品，需根据装置规模，工艺参数设定。通用关键设备主要包括水泵、仪表、蒸汽喷射泵、汽液分离器、喷嘴等；关键材料包括传热材料、管路材料、药剂材料等。

6.2.2 国际海水淡化装备发展现状

海水淡化工程建造市场一直都由该领域的传统知名企业主导，如以色列的IDE，西班牙的阿本戈，法国的WEIR、SLCE，美国的GE、CNC、ESC、陶氏，德国的普罗名特、西门子，新加坡的凯发，日本的东丽，等等。我国企业同样具备建造单级万吨级蒸馏法和反渗透海水淡化工程的能力。

但是，在海水淡化成套设备制造、反渗透膜、高压泵、能量回收装置、集成技术等关键设备、部件与技术等方面，国际水平却遥遥领先。目前，反渗透膜法海水淡化技术的核心原材料主要出自美国陶氏、德国科氏、日东电工（海德能）、日本旭化成以及日本东丽等几家公司。

目前，全球有150多个国家和地区建成和推进海水淡化工程建设。膜法和热法是当前两个主流工艺，其中反渗透膜法约占65%。国际上膜法和热法单机规模最大分别为2.5万米³/日和7.6万米³/日，工程规模最大分别为35万米³/日和88万米³/日。提高单机规模和降低淡化成本是海水淡化重要发展方向。随着海水淡化规模不断扩大，海水淡化成本也呈下降趋势。同时，海水淡化装备市场增速不断加快，庞大的市场需求吸引着许多大型跨国集团进入海水淡化市场。在这种激烈竞争环境下，工程总包、装备制造及关键部件制造等盈利模式逐渐形成并取得了丰厚的利润回报。到2018年年底，全球淡化工程总装机容量达到1.38亿米³/日，2014—2018年新增海水淡化工程合同额达到324亿美元。到2020年，海水淡化装机规模会在现有基础上翻一番。

随着水资源短缺形势的严峻，形成包括沙特阿拉伯、美国、中国、等在内的十大海水淡化市场。一些国家本身缺水，积极建设淡化工程，培养了众多具有国际竞争力的工程公司和装备制造商，满足国内需求的同时积极开拓国外市场，如以色列、西班牙。还有一些国家淡化工程不多，但技术装备实力强劲，是主要技术装备输出大国，如美国、日本、韩国。

6.2.3　我国海水淡化装备发展现状

我国海水淡化技术研究起步于20世纪60年代。经过多年发展，技术基本成熟，海水淡化产业也初具规模，已经掌握低温多效蒸馏和反渗透海水淡化技术，初步具备系统集成和工程成套能力，是少数能够完整自主设计建设海水淡化工程的国家之一。尤其在海水淡化工程与系统集成方面已经形成了一批实力与竞争能力较强的龙头企业，如东方电气、上海电气、中集集团、青岛华欧海水淡化有限责任公司、青岛海诺水务科技股份公司、中电环保等。

目前我国自主建成了2.5万米^3/日低温多效海水淡化装置和1.25万米^3/日的反渗透膜海水淡化装置，奠定了大型热法和膜法海水淡化工程的建设基础。天津和杭州的海水淡化一直走在全国前列，且技术水平与国际接轨，具备出口海外的技术能力。截至2017年年底，我国已建成海水淡化工程136个，产水规模约118万吨/日。最大海水淡化工程规模为20万吨/日。全国已建成万吨级以上海水淡化工程36个，千吨级以上、万吨级以下海水淡化工程38个，千吨级以下海水淡化工程62个。

截止到2017年年底，我国采用反渗透海水淡化法的产水规模约占总产水规模的68.43%（图6-2），反渗透法成为当下主流的海水淡化工艺。

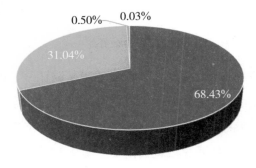

图6-2　2017年年底我国主要海水淡化工艺占比情况

在反渗透海水淡化方面，国产海水淡化膜组器的性能取得了较大的提升。我国先后建成了反渗透复合膜生产线，已成功应用于日产万立方米级示范工程；开发出了与国外产品性能相当的高压泵并得到工程化应用；反渗透膜壳已形成规模并出口到国外，且采用自主技术建成了1.25万米^3/日反渗透海水淡化示范工程。2011年，中国化工集团依托杭州钱江经济开发区建设的海水淡化技术装备制造基地奠基，建成了年产160万平方米反渗透膜和纳滤膜生产线、100万平方米的超滤膜生产线以及能力达日产70万吨的海水淡化及水处理成套生产线，标志着我国膜技术和水处理产业成果初步产业化。同时，北京时代沃顿科技公司是国内最大反渗透膜生产企业之一，而深圳惠程则是国内拥有反渗透膜聚酰胺薄膜材料生产能力的领先企业，其余诸如中国化工集团、南方汇通、碧水源等都有望带动反渗透膜与纳滤膜国产化。

在低温多效海水淡化方面，我国已掌握了低温多效海水淡化成套技术，形成一批关键设备材料技术，采用自主技术建成了2.5万米^3/日低温多效海水淡化工程。

在海水淡化配套设备和材料方面，国产海水给水泵可满足技术和工程要求；铝黄铜类海水淡化传热管可满足国内需要并大量出口；膜压力容器（膜壳）已基本实现国产化；产量在3000吨/日以下的反渗透用高压泵已实现国产化并通过了3年多的现场考核；开发出了交换式能量回收装置并进行了现场测试；开发出了日产万吨级以下的蒸汽热压缩器并完成了为期3年的现场考核，效率接近国际先进水平。

6.2.4 我国海水淡化装备发展存在的问题

我国在海水淡化成套设备制造、反渗透膜、高压泵、能量回收装置、集成技术等关键设备、部件与技术等方面与国外先进水平存在差距。与韩国、美国、日本、以色列等国家相比，关键核心技术研究尚未形成突破，核心材料、膜组件、能量回收装置、高压泵等关键设备主要依赖进口，国产化率不足50%。目前国内大规模海水淡化工程的关键材料和装备主要靠进口，海水淡化预处理的超滤膜全部依靠进口，预处理后海水脱盐的反渗透膜进口比重占据国内市场的90%，用于制作膜的原材料有50%～70%依赖进口，国内已经成功生产的反渗透膜占据国内市场的10%。同时，全球三大泵阀制造公司之一———德国KSB集团，作为世界上第一家为反渗透海水淡化处理提供全套解决方案的厂商，目前在上海和大连建有生产基地，成为中国泵阀市场的主要厂家。

当前，韩国、美国、日本、以色列等国家垄断海水淡化装备技术，并凭借其掌握海水淡化关键装置技术抢占全球海水淡化装备市场份额，约占全球海水淡化装备市场的90%，我国仅占2.1%。受淡化成本和利用认知影响，从短期看，大型海水淡化装备还难以在全国推广，工业用、海岛用、船舶用中小型海水淡化装置将是主要推广应用和发展方向。

6.2.5　海水淡化技术及装备发展趋势

超滤膜与反渗透膜耦合、蒸馏法与反渗透膜法耦合等多种工艺耦合技术应用日益普遍，以最大程度降低能耗、提高出水水质和增加系统稳定性。海水淡化工艺与淡化后浓海水综合利用工艺耦合受到广泛关注，提高海水淡化综合效益并减少浓海水直接排放。利用太阳能、风能等新能源进行海水淡化的新技术发展迅速，不仅为海岛等传统能源缺乏地区提供海水淡化条件，也为这类分散且波动性大的新能源利用提供新途径。此外，膜蒸馏、正渗透等海水淡化新技术也是各国科学家研究的热点。

6.3　海水淡化技术在其他行业的应用

海水淡化产业所用的高性能机械设备可以广泛地应用于化工及石油化工行业，大大提升有关行业的技术水平。膜分离技术已经成为目前发展最快的分离提纯手段，广泛地应用于水处理（苦咸水淡化、废水处理、锅炉水制备、工艺纯水制备等）、医药（生物）制品提取、化工产品分离等。

因此，分离用膜材料也成为一种高技术含量的新型材料之一。膜分离技术应用领域的工程建设产业，由于其模块式特点和广谱性（应用范围太广），是一类庞大的朝阳产业。因此，膜分离技术进入这个产业相对容易。如果资本充裕、技术人才雄厚、管理规范，那么在该产业将会较快取得丰厚回报。

6.3.1 膜分离技术应用在苦咸水淡化、废水处理（及中水回用）、纯水制备

反渗透膜法是一种广泛应用于海水淡化、苦咸水淡化、超纯水制造、食品医疗等领域的液体分离技术，而且它的重要性日益显著。用于水处理的反渗透膜，最早开发并且得到规模应用的是非对称醋酸纤维膜。但是应用市场的不断扩展，对膜产品的性能要求不断提高，不仅要同时具备高脱盐率和高产水量，而且要有良好的耐久性。另外，为了节省能源，操作的运转压力就要求低压、超低压化。因此国内外都频繁地进行了膜技术开发，各种膜产品的应用性能和制膜法、复合膜组件等技术都在迅速提高。

（1）苦咸水淡化

苦咸水淡化所采用的方法主要是反渗透法，原理与反渗透法海水淡化完全一致。通常苦咸水总的含盐量要比海水低，因此脱盐操作容易一些，投资与运转成本更低些。在美国科罗拉多河上建有世界上最大的苦咸水淡化工厂（日产27万吨淡水）。中国沧州2001年投产日产淡水1.8万吨的反渗透法苦咸水淡化工程，至今运转正常。

目前，我国农村有3亿多人为水所困，有1亿多人在饮用苦咸水等不安全的水。特别是在我国北方干旱、半干旱地区的部分地方，地下苦咸水是唯一的水源。目前，苦咸水淡化处理量为296万吨/日，据测算仅占可开采量的5.5%。迫切需要利用淡化技术生产出清洁、安全的淡水，为西部农村地区人民创造良好的生产和生活环境，解决水安全问题。

（2）工业废水处理及城市污水回用

膜分离技术应用较为成熟的是用膜法处理重金属废水以及城市污水回用。当然，膜分离法处理含盐有机废水（传统的方法很难处理）也显示出良好的结果。

1）膜法处理工业废水

在金属加工和合金生产中，经常需要用大量水冲洗。为了让这些清洗水及其他行业产生的大量含有一定浓度重金属离子的废水达到排放标准，传统的处理方法是将这些金属离子转化成氢氧化物沉淀后除去。采用膜分离技术可以回收90%以上的废水，同时使重金属离子富集十几倍，加以回收利用。已经有很多产业化装置利用膜分离技术。例如，1999年在原国家海洋局杭州水处理中心的技术支持下，国内首套膜法1200吨/日电镀漂洗液回收镍工程在湖南长沙建成投产；上海曹泾化工集团15 000吨/日高污染地表水处理项目全部选用了抗污染反渗透膜法；宁波科宁达公司电镀废水回用项目也采用膜法工艺。

2）城市污水膜法深度处理回用

科威特建设的31万吨/日市政污水回用系统是目前世界上最大的市政污水膜法回用系统，回用范围是科威特城市及周围地区的市政污水，回用水主要用于非饮用水用途（灌溉），产水达到了饮用水的标准。该系统原计划产水37.5万吨/日，现计划整个工厂的产水能力扩展到60万吨/日，工厂在2004年年底投运。科威特城市的市政污水的含盐量平均在1280毫克/升左右，有时高达3014毫克/升。反渗透系统除了深层次去除细菌与病毒之外，还需将污水的含盐量脱除至100毫克/升。反渗透技术用于处理市政污水已经得到了很好的验证，该系统分成42组，每组4∶2∶1排列，整个反渗透系统回收率设计在85%。

3）锅炉水制备（及）工艺纯水制备

到目前为止，用来自海水淡化的膜分离技术制取锅炉用水和工厂纯水的规模要大于海水淡化本身。在制取工艺纯水过程中，与传统的离子交换法相比，膜分离工艺具有明显的经济性和易操作性。在电子行业超纯水领域，世界著名的索尼、英特尔、松下、东芝、富士通、NEC、夏普、三星等企业均选用了反渗透膜法为主要工艺。

发电厂行业，1982年至今，上海宝山发电厂、上海杨树浦发电厂、上海宝钢集团、山东济南热电厂、山东正大集团、内蒙古斯利格油田热电厂、山东章丘琅沟热电厂等大型电厂锅炉补给水项目选用了反渗透膜法。其中，山东章丘琅沟热电厂锅炉补给水系统自1996年选用了苦咸水反渗透膜元件，7年未更换过膜元件，系统高质量稳定运行。

化工行业，河北沧化集团、河北迁安化肥厂、包头明天科技集团、苏州喜而适、苏州聚益化工厂等化工工艺纯水项目均选用了反渗透膜法。

电子行业，1986年至今，天津Canon、苏州Epson、上海GSMC、天津REW、首都日电、无锡电子厂、大连Canon、天津REK等大型超纯水项目均选用了反渗透膜法。

6.3.2 膜分离技术应用在医药（生物）制品提取和化工产品分离

（1）化工产品的分离提取——膜法提取与精制甘露醇

甘露醇是海藻加工行业的3个主要产品（海藻酸钠、甘露醇和碘）之一，在医药食品行业用途广泛，是一种可再生资源的加工产物，也是市场急需的海洋化工医药产品。将海水淡化行业中采用的膜技术进行改造，应用到甘露醇的提取与精制中，该新工艺由原料液预处理、离子交换膜、电渗析、超滤和反渗透等膜分离过程组成。其中，预处理部分去除糖胶、有机物、悬浮物和其他杂质，净化海带水，为膜分离过程提供合格的进料液；离子交换膜电渗析脱除料液中的无机盐；超滤作为反渗透的预处理手段，进一步净化海带水；反渗透进行甘露醇溶液的预浓缩。3种不同的膜分离过程互相支持，形成良性闭路循环工艺，提高了产品的质量和提取率，降低了生产成本，经济效益明显。

（2）医药（生物）制品提取

1）抗生素的纯化与浓缩

抗生素的相对分子质量多数为300~1200道尔顿。传统的抗生素的生产过程为先将发酵液澄清，再用选择性溶剂萃取，最后通过减压蒸馏得到抗生素产品。（纳滤膜）膜技术可以从两个方面改进抗生素的浓缩与纯化工艺：一是用纳滤膜技术浓缩未经萃取的抗生素发酵液，去除水和无机盐，再用萃取剂萃取。由于水、无机盐和小分子有机物透过膜进入渗透液，抗生素得到预纯化和浓缩，这样可以大幅度提高设备的生产能力，大大减少了萃取剂的用量。二是用溶剂萃取抗生素后，用耐溶剂膜浓缩萃取液。透过膜的萃取剂可以循环使用，从而节省蒸发溶剂所需设备与热能消耗。膜法浓缩抗生素发酵液工艺已经成功地用于红霉素、金霉素、万古霉素和青霉素等多种抗生素的浓缩和纯化过程中。

2）多肽的纯化与浓缩

多肽是由蛋白质水解或氨基酸合成制得的。传统的生产方法是采用色谱柱或层析从有机溶液或水溶液中纯化多肽产品，然后进行蒸发浓缩。采用膜技术代替蒸发，可以低温操作，效率高，操作简单，在浓缩的过程中同时也纯化了多肽。

3）氨基酸的分离与纯化

氨基酸是一种两性化合物，分子中既有正电荷基团，又有负电荷基团。净电荷从正电到负电的转变点的pH称为氨基酸的等电点。在等电点前后，氨基酸荷电性能发生改变。当溶液pH低于等电点的pH时，氨基酸荷正电荷，分离膜的截流率低；当溶液pH大于等电点pH时，氨基酸荷负电荷，分离膜的截流率明显提高。所以可以通过控制pH的方法，采用膜滤分离和纯化氨基酸。例如，天冬氨酸、异亮氨酸和鸟氨酸的等电点分别是2.8、5.9和9.7。荷电型分离膜对氨基酸的截流率大小是pH的函数。如pH为5.0时，膜对天冬氨酸的截流率为40%，而对异亮氨酸和鸟氨酸的截流率小于10%。尽管截流率之间的差别不是很大，但已足够实现不同氨基酸的分离。

膜分离在这方面的应用还可以包括环糊精、乳酸酯、酵母、有机酸等的生产或副产物的回收。环糊精是通过液状淀粉在酶的作用下生产的，在反应过程和后处理中加入膜处理步骤可以大大提高产率。如采用超纳滤膜分离出环糊精溶液，同时将活性酶返回反应罐，然后用纳滤膜浓缩环糊精，浓缩的环糊精溶液再进行喷雾干燥，可以大大降低干燥的费用。为了提高乳糖结晶产率，乳糖生产中需要除去浆液中的单价阳离子。采用电渗析技术或离子交换的方法往往成本很高。纳滤膜不仅可以有效除去足够比例的单价离子，同时也浓缩了糖浆液，提高乳糖结晶产率。

6.4 青岛市海水淡化装备制造业发展概况

6.4.1 青岛市海水淡化装备制造业的发展基础与优势

（1）地理条件和区位优势

青岛是山东半岛蓝色经济区龙头城市，是重要的沿海港口贸易城市，突出的区位优势利于吸引整个半岛地区海水淡化装备领域的人力和资本向青岛转移，更利于青岛参与国际竞争。同时，青岛环拥胶州湾，海岸线长730千米，海域无冰冻现象，海滨以沙滩和花岗岩为主，海水清澈透明，水质优良，自然条件良好，相比于天津、大连等沿海城市，青岛更能保证大型海水淡化装备集成对海岸线的需求。青岛"三岛一湾，一线展开"的城市布局，呈现出沿海岸线"组团"发展的大城市框架，产业布局沿海岸线展开，沿海供热厂、热电厂、化工厂较多，具备建设电水联产的条件，便于海水淡化装备的大规模应用，为海水淡化装备的发展提供了广阔的发展空间。青岛港是全国第五大港口，货物吞吐量居全球第七位，可完成海水淡化装备的全球化运输。青岛作为全国重要的经济中心城市和世界知名的特色城市，是山东半岛城市群和胶东半岛制造业基地的龙头城市。从全国范围看，山东省是最适合推广海水淡化的区域，作为山东半岛龙头城市的青岛率先发展海水淡化装备制造业，对于整个山东地区海水淡化装备的发展具有较强辐射带动作用。优越的地理位置，发达的交通物流体系，为青岛海水淡化装备制造业发展提供了有利的地理及区位条件。

（2）科技及产业基础

青岛是我国海水淡化研究的发源地。近年来，青岛市抓住机遇在海水淡化技术研究与产业化方面形成了良好基础和先发优势，特别是在海水淡化利用的关键技术之一——防腐与防生物附着技术，拥有雄厚的研发实力和良好的基础条件。目前青岛市涉及海水综合利用技术研发及其人才培养的"海"字头机构有中国海洋大学、中国科学院海洋研究所、自然资源部第一海洋研究所、中国船舶工业总公司725研究所等20多家，完全具备发展海水淡化装备产业的科技支撑条件。青岛市在海水淡化装备技术研究方面初步形成了海水淡化装备产学研科技创新体系，全市涉及海水淡化装备利用技术研发及人才培养机构10余家，拥有市级以上工程研究（技术）中心15家，取得相关专利授权30余项，并通过承担国家、省部级科技计划项目，开发形成一批具有自主知识产权的重大科技成果。

青岛的化工、机电、海洋防腐等产业发达，具备发展海水淡化装备产业的基础条件。同时青岛作为我国传统海盐产地和化工基地，有条件建设海水淡化装备、真空制盐、海洋化工相结合的联合工厂，可以带动海洋防腐、制盐业、卤水化工等海洋产业以及机械制造、工程技术服务、高分子材料等相关产业的发展，形成产业链。

6.4.2　青岛市海水淡化装备制造业的发展现状

青岛市的海水装备制造业主要集中在海水预处理装备和海水淡化工程设计及集成领域。对于低温多效、反渗透海水淡化关键装备制造业，青岛市还处于发展阶段，缺少这方面的支柱企业。这是海水淡化装备制造业的核心领域，也是青岛未来海水综合利用发展的重点。

近年来，青岛市相继实施了一批国家级海水淡化示范工程，目前已建成的海水淡化项目总产水能力达到21.9万米^3/日，占全国总产能的18.4%，位居全国领先水平。青岛市还加快了海水淡化与海水综合利用的步伐，实施装备集成带动战略，发展面向海岛及船舶应用的中小型海水淡化成套装备，积极开发大型成套装备，实施海水淡化示范工程，推进董家口海水淡

化装备集成基地等园区建设，打造国家级海水淡化装备制造基地。

（1）海水淡化装备集成

青岛市在海水淡化装备集成方面起步较早，这方面拥有较多成功的案例，海水淡化工程设计水平处于全国前列。

青岛市率先开始厂用和岛用海水淡化项目的设计。2004年6月，青岛华欧海水淡化有限公司建成投产了3000米³/日低温多效海水淡化示范工程，主要应用于大唐黄岛发电有限责任公司锅炉补水，使软化水装置检修周期由以前的1800米³/次提高到1万米³/次。大唐黄岛发电有限责任公司为了满足日益增加的用水需求，于2006年建成3000米³/日反渗透海水淡化工程，于2007年建成1万米³/日反渗透海水淡化工程，缓解了大唐黄岛发电有限责任公司的用水压力。此后，华电青岛发电有限公司、青岛碱业股份有限公司等企业也建设了海水淡化项目。2012年，为缓解海岛居民用水压力，灵山岛建成了300米³/日反渗透海水淡化装置，在岛用海水淡化项目应用上取得了突破。

近年来，青岛市先后新建了一批市政、生活用水的大型海水淡化项目，有效缓解了青岛市的供水压力。2012年6月，青岛百发海水淡化项目投入使用。百发海水淡化项目日产淡水10万吨，是当时国内最大的海水淡化项目，项目建成后的供水占当时青岛市区供水量的15%～20%。此外，青岛水务碧水源反渗透海水淡化项目于2016年启动，一期工程2016年年底建成，项目设计规模10万吨/日。

（2）海水淡化装备制造

青岛市在海水淡化关键装备制造方面实力相对薄弱，研究成果主要集中在海水预处理与小规模淡化装备的研发上。目前大型海水淡化的关键设备主要依赖进口。

近年来，青岛双瑞海洋环境工程股份有限公司研制的电解产生次氯酸钠海水预处理装备，已经应用于国内数项大型海水工程并列入国家发展改革委产业化项目；华轩环保科技公司研制的纳米多微孔陶瓷复合膜海水淡化技术，与国际先进的反渗透膜技术参数已相差无几；琴海石化设备公司废热蒸馏海水淡化装置研制成功并进入产业化阶段，首套1万吨/日废热蒸馏海水淡化装置也已投产。

（3）海水淡化装备技术

青岛市在海水淡化装备技术方面起步较早，近年来通过人才与科研机构的引进，取得了一定的成果。

1998年，大唐黄岛发电有限责任公司与原国家海洋局天津海水淡化与综合利用研究所合作进行60米³/日低温双效压汽蒸馏海水淡化装置的研制，开展了热法海水淡化技术的研究探索。2015年，青岛海大北方节能环保有限公司完成了二期改造的NEE-A型海水淡化设备，它充分体现了电驱动膜海水淡化技术在常压下运行，相对于传统的反渗透工艺所需的高压运行条件，具有危险系数小、设备稳定性好、噪声低、震动小等技术创新优点。这项技术的过人之处在于，传统反渗透膜使用后需化学药品清洗、浸泡维护，而电驱动膜长期停运采用清水浸泡维护即可。这项产品不仅填补了我国中小型海水淡化电膜技术及装备的空白，也对我国海水淡化行业和装备制造业的发展具有推动作用。

6.4.3　海水淡化装备制造业存在的问题

一是产业发展的核心技术尚未掌握。当前，国内掌握海水淡化核心技术的机构主要是自然资源部天津海水淡化与综合利用研究所和中国化工集团杭州水处理技术研究开发中心，而青岛市缺少专业研究机构，在海水淡化装备核心技术研究方面尚未形成突破。青岛市海水淡化装备制造主要集中在海水预处理及配套设备领域，尚不具备反渗透膜法中能量回收装置、高压泵及低温多效热法中真空喷射泵等关键设备生产能力，制约了海水淡化装备产业的发展。

二是产业发展的企业支撑有待加强。青岛市海水淡化装备集成企业总体规模较小，基础相对薄弱，尚未形成海水淡化装备制造业集群，且海水淡化技术自主创新不足。青岛是海水淡化技术应用较早的地区，但海水淡化技术多为引进技术，海水淡化研发团队和自主技术缺乏，自主创新能力弱，相关企业尚未成为技术创新主体，不具备海水淡化成套装备及关键设备生产设计能力。与国外先进海水淡化装备制造企业比较，青岛市海水淡化装备制造企业总体实力和竞争力十分薄弱。

三是产业发展的扶持政策尚不完善。发展海水淡化产业是涉及政府部门、科研机构和企业的系统工程，需要全面规划、统筹发展。目前青岛市缺乏具体可操作的优惠政策。虽然青岛市已成立海水淡化产业发展领导小组，海水淡化也被列入国民经济和社会发展、区域建设、水资源管理等重要文件中，并出台了推进海水淡化产业发展的工作方案，但多是宏观层面规划政策，在海水淡化科技研发、成果转化、财税、水电价格等方面缺乏具体可操作的优惠政策。同时，青岛市在海水淡化产业尚未形成统一、有效的组织协调机制，相应的扶持政策和引导措施尚不完善，推动海水淡化装备业发展的政策支撑要素尚未具备。

6.4.4　青岛市海水淡化装备产业发展重点

青岛市应以海水淡化装备成套集成为培育重点，实行关键装备本地化制造战略，集聚关键设备制造，吸引相关配套产业发展，实现大型海水淡化成套装置的本地化制造，形成海水淡化成套装备设计、研发、生产、技术服务等能力，推动海水淡化装备产业链的形成和延伸。

（1）强化淡化装备集成

结合青岛市海水淡化工程建设，加快实施"市场换装备"工作，依托海水淡化装备骨干企业，引进世界知名的海水淡化处理系统集成商，坚持自主创新与引进合作并举，优化海水淡化单机和整套装置设计、制造技术，提高大型成套海水淡化装置制造能力，发展面向海岛及船舶应用的中、小型海水淡化成套装备。

（2）突破关键设备制造

优化海水淡化关键装置设计、制造技术，提高关键装备制造能力，依托青岛市海水淡化装备重点企业，坚持自主创新与引进消化吸收再创新相结合，积极与国内外反渗透法及热法关键装置公司开展合作，落实关键装备本地化制造战略，以合资、合作、独资等方式在青岛市设立制造基地，实现海水淡化关键装置本地化制造。

（3）构建上下游产业链

引导现有造船、钢结构制造企业，逐步转向海水淡化配套设备生产，实现淡化蒸馏器、专用管材的本地配套；发挥防腐材料方面的技术优势，鼓励、推动科研机构与企业联合，形成具有自主知识产权的防腐材料系列产品；鼓励现有电气控制装备企业向海水淡化装备配套电气控制装备领域拓展，包括电气控制装备、自动控制系统、仪器仪表等配套产品加工制造。

⑦ 海水淡化综合利用方向及经济效益分析

7.1 海水淡化浓盐水综合利用概述

浓盐水是指在海水淡化过程中分离出淡水而后剩下的浓缩液。无论采用热法还是膜法进行海水淡化，均不可避免地会产生浓盐水。目前浓盐水一般不经处理直接排回海洋或者和处理过的生活污水混合后排入海洋中。浓盐水蕴藏着丰富的化学资源，可供提取的化学元素高达80余种。利用浓盐水进行化学资源提取不需要另外设置取海水和加氯杀菌等预处理设备，可大大节约投资和工程造价。并且，海水淡化操作过程中产生的浓盐水的温度、流量参数稳定，便于化学资源提取过程中的稳定操作。根据发展循环经济、加强海洋环境保护的要求，在海水淡化技术成熟并投入推广应用以后，浓盐水利用技术的开发将成为重要课题。

当前，海水淡化技术发展迅速，越来越多的国家将海水淡化水当作淡水资源可持续开发的措施大力开发。但是，当前海水淡化的方法存在着回收效率低的问题，比如膜法海水淡化装置水的回收为30%~40%，而热法海水淡化装置水的回收率在15%~50%，还有很大部分海水淡化装置将浓盐水和处理过的生活污水混合后排入海洋中。

进行浓盐水的综合利用以及采取零排放技术。海水淡化之后的浓盐水盐度以及温度都比较高，通过太阳能池、自然蒸发或者电渗析的方式进行制盐或者进行化工原料的提取，不但满足了海水淡化零排放的要求，使得资源得到有效利用，也提高了经济效益。通过蒸发再浓缩与结晶器制盐的方式可以满足零排放制盐工艺的要求。浓盐水中不但有氯化钠，同时还存在着硫酸钙、碳酸钙、硫酸钠等有价值的物质。可以利用浓盐水制取氯化铵、碳酸氢钠等。虽然浓盐水综合利用以及零排放技术是当前海水淡化发展的重点，但是其技术的发展受到高投入以及高运行成本的限制。因此，零排放技术能耗与成本的降低是其推广的关键。

7.2　国外利用海水淡化副产浓盐水制盐技术发展情况

7.2.1　国外关于海水及制海盐副产苦卤综合利用概况

世界各地海盐区，除从海水中提取原盐外，尚有相当的卤水化工产业从海水、卤水、苦卤中提取氯化钾、溴、氯化镁以及无水硫酸钠等，作为化学、医药、冶金、煤炭等工业的原料，成为各国国民经济中重要的基础产品。

（1）苦卤提钾

世界上钾盐（以K_2O计）总储量约为1352亿吨，年产量达3000万吨（$KCl \geqslant 95\%$，$K_2SO_4 \leqslant 5\%$），主要来自钾矿，从盐湖及海苦卤中提取量约占5%。从海盐苦卤中制取钾盐的主要是中国、印度及埃及（产量较少）。全球海水中钾盐总储量高达500万亿吨，取之不尽。

（2）海水或海盐卤水提溴

地球上，溴总储量约为100万亿吨，99%蕴藏在海洋中（海水中溴含量约为67毫克/升）。世界上溴总产量达40万吨以上，其中约60%是利用海水

空气吹出法提取而来。

（3）苦卤提取镁盐及芒硝（十水硫酸钠）

中国不仅镁矿储量、盐湖氯化镁及芒硝储量丰富，而且芒硝从海盐苦卤中提取量也较大。

（4）海水中提取锂

全球锂陆地储量仅为1400万吨，而海水中约含有2300亿吨，但浓度太低，仅为0.17毫克/升。锂为照相机、手机和充电电池等产品的常用材料，以前实验室提取实验很多，但无实用前例。近日报道，日本佐贺大学海洋能源研究中心在30天内从140立方米海水中成功提取了30克氯化锂（纯度90%），有望开发出成本低、效率高的实用生产提取系统。

（5）海水中提取碘

海水含碘浓度低，仅为0.06毫克/升，总储量却大大高于陆地，高达822亿吨。目前把碘从海水中提取出来主要方法是借助于海带等海藻富集碘，其干料中碘含量可达0.3%～0.5%。

（6）海水中提取铀

铀为重要战略物资，陆地上有开采价值的储量仅为100万吨，而海水中高达45亿吨，但浓度很低，仅为3.3克/吨。世界各国均在研究以起泡分离法、溶剂萃取法、吸附法、离子交换（浮选）法和生物富集法从海水中提铀。比较而言，吸附法及离子交换（浮选）法更有实用开发前途。

7.2.2　离子交换膜法海水淡化结合制盐研究及产业概况

海水淡化结合制盐的研究及应用经历了漫长的几十年的发展。从20世纪40年代起人们开始由生物膜研究转向人工合成分子膜，开始工程开发的研究。1950年，Juda试制成功具有高选择性的阳阴离子交换膜。1952年，美国Ionics公司制成用于苦咸水淡化的世界首台电渗析装置。随后美、英均制造电渗析装置并将其用于淡化苦咸水制取饮用水和工业用水。20世纪50年代末日本开始关注开发研究，并于1974年在野岛建成当时世界上规模最大的日产饮水120吨的电渗析海水淡化装置，还开始进行电渗析海水淡化结合制盐产业化研究，在20世纪70年代初期，就基本上达到了实用化程度，其制盐工艺流程如图7-1所示。日本几乎是唯一用该法生产盐的国家，现有8家工厂，年产量35万吨，占日本盐总产量的1/5，主要厂商为德山曹达、旭化成、旭硝子公司。该法浓缩海水的浓度和质量均高于盐田。世界上应用电渗析进行海水浓缩制盐的国家除日本外仅有科威特。

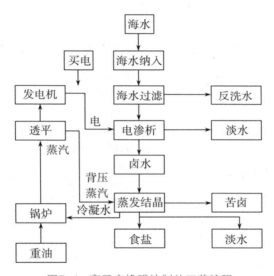

图7-1 离子交换膜法制盐工艺流程

7.2.3 电渗析法制盐的优点及缺点

（1）与盐田法相比，电渗析法制盐的优点

① 不受自然条件影响，一年四季均可生产。

② 占地面积小，盐田法与电渗析法的占地面积比为25∶1。

③ 节省劳力，常备人员只相当于盐田法的1/20～1/10。

④ 基建投资少，生产每吨盐的基本投资约为盐田法的1/5。

⑤ 卤水的纯度和浓度较高（日本电渗析海水脱水高达90%，浓盐水已成饱和卤水）。

⑥ 易于实现自动化，维修简便。

（2）与反渗透相比，电渗析法制盐的缺点

采用电渗析法淡化海水能耗高，见表7-1，仅此一项就已高于反渗透过程的总能耗。因日本政府电渗析制盐有高额补贴，行业才能得以维持，在其他国家地区，因生产成本高等经济问题无法维持。反渗透法制盐要解决的关键在于低电阻，可优先选择单价离子的膜，以降低电耗。目前国内电渗析海水淡化水出水率低，仅50%左右，副产浓盐水浓度仅为7波美度。如果用真空制盐，生产1吨盐需蒸出13吨水分，耗用多吨蒸汽（饱和卤水真空制盐，吨盐仅耗蒸汽1.2吨，蒸出2.5吨水分），生产成本高于盐价，难于形成产业。因此，适合我国国情和比较经济的办法是采用反渗透方法海水淡化水，副产浓盐水宜利用盐田晒盐，以节约用地。

表7-1　海水淡化所需要的能量

分离技术名称	需要消耗的动力（kW·h/m³）	需要消耗的热量（kJ/m³）
理论功值	0.72	2592
反渗透法（回收率40%）	3.5	12 600
反渗透法（回收率30%）	4.7	16 920
冷冻法	9.3	33 480
溶剂萃取法	25.6	92 160
电渗析法	16.0	57 600
多级闪蒸法	10.0	36 000

7.3　国内海水淡化副产浓盐水制盐发展情况

在海水淡化过程中无论是反渗透法还是蒸馏法，大约有海水淡化水量1.5倍的浓盐水产出，其浓度仅增高60%～70%，目前国内已建成海水淡化设施均将浓盐水冲稀后直接排入海中。显然，在长期作用下具有多种化学添加剂的浓盐水排入海中，将对海洋环境产生不利影响。如果能将浓盐水排入盐田晒盐，既解决了盐水排放问题，又可以节省盐田用地，增加原盐产量。盐业是开发海洋独具优势的产业，但目前粗放型工艺使盐业营运成本高，产业水平低，盐业的每平方米滩涂的产出效益不足数元。因此，利用海水淡化加快对制盐工业的改造成为当务之急。为加快这一进程，应研究解决海水预处理过程中添加的絮凝剂、水质稳定剂、消泡剂，以及定期清洗设备排放的酸碱对盐田及海洋产生不良影响等问题。

电渗析法是随着海水淡化工业发展而产生的一种新的制盐方法。它充分利用海水淡化所产生的大量含盐量高的"母液"为原料来生产食盐。与盐田法相比，电渗析法节省了大量的土地，而且不受季节影响，投资少，节省人力。例如，生产15万吨食盐，盐田法占地近500公顷，电渗析法仅需20公顷。电渗析法所需人员只有盐田法的1/20～1/10。虽然工业制盐是当前海水淡化浓盐水综合利用的重点，但是其技术的发展受到高投入以及高运行成本的限制。目前，工业制盐工艺技术可行，要想实现经济收益，还需要技术创新降低投资与运行成本。

7.4 海水淡化综合利用案例简介

我国一直积极推动自主海水利用技术的研究开发及产业化推广，并先后成功应用到多个工程案例中，提高了自主技术的核心竞争力，加快了关键设备的国产化步伐。

案例1：天津国投北疆电厂海水淡化工程。天津国投北疆电厂项目是国家首批循环经济试点项目，采用"发电—海水淡化—浓海水制盐—土地节约整理—废弃物资源化再利用"循环经济模式。其中海水淡化项目采用低温多效海水淡化技术，利用汽轮发电机组低品位抽汽热量将海水蒸馏出淡

水，目前装机容量20万吨/日，是国内已建成的最大海水淡化工程。日产水中除电厂自用2万吨外，可向社会供应18万吨。该项目为国内首个尝试海水淡化水进入市政管网的大型海水淡化工程。

案例2：浙江宁海电厂海水循环冷却示范工程。该项目由中国神华能源股份有限公司等投资建设，天津海水淡化与综合利用研究所提供循环冷却水处理技术支撑。该项目为宁海电厂二期扩建工程装机2×1000兆瓦超临界燃煤机组的冷却系统，是我国首次建成的拥有自主知识产权的10万吨级海水循环冷却工程。其打破了国外浓缩倍率通常控制在1.2～1.8的常规，实现海水循环冷却2.0±0.2运行和大规模集成创新；攻克了超大型海水冷却塔优化设计技术，实现我国大型海水冷却塔设计制造零的突破。项目于2009年投入使用，至今运行稳定可靠。

案例3：海水提取氯化钾、氢氧化镁示范工程。5万吨/年海水提取氯化钾示范工程由天津海博纳化工有限公司投资建设，采用河北工业大学自主研发的沸石离子筛法海水提钾技术及其沸石改性钾离子筛核心材料，应用模拟移动床连续离子交换富钾新技术及系统装备。该项目于2006年开工建设，2009年建成投产，是国际上首座万吨级海水直接提钾工程，标志着海水提钾技术在我国率先实现工业化应用。万吨级浓海水制取膏状氢氧化镁示范工程由河北银山精制碘盐有限责任公司投资建设，采用天津海水淡化与综合利用研究所研发的浓海水钙法制备氢氧化镁技术，实现了国内低成本制备高质量氢氧化镁的技术突破。

7.5 海水淡化综合利用可行性分析

目前浓盐水综合利用，仅提溴有一定的经济价值。利用海水淡化的浓海水提取溴和氯化钠等化学物质，有案例证明工艺技术方面是可行的。但浓海水综合利用听起来很美，干起来却存在很多问题。

以海水中价值高的溴元素为例，溴是一种重要的、稀缺的化工原料，最早是从海水中发现并被分离出来的。地表99%的溴元素均存在于海水中，而地球上海水资源最为丰富，是提取溴的最大来源。针对浓海水提溴综合利用的可行性分析：首先，利用浓海水提溴工艺技术存在可行性，但国内实际生产性案例甚少，工艺技术不成熟；其次，富集很好的制溴原料是制盐的卤水，相比于制盐卤水，浓海水中溴含量过低，导致投资成本高、提取成本高，经济效益不如制盐卤水提溴；第三，卤水提溴受到海盐产量（卤水量）的制约，同样，浓海水提溴受到海水淡化规模的制约，若海水淡化规模较小，浓海水提溴无法实现规模化生产；第四，提溴生产工艺采用化学方法，使用氯气、氧气等原料，提溴后的浓盐水排海后污染更为严重，并且液溴、氯气均具有强烈的毒害性和腐蚀性，生产过程环保要求十分苛刻，一旦泄漏将对空气、土壤以及水体造成严重污染，浓盐水提溴需配套完善的化工产业链。

　　综上所述，浓海水综合利用在技术上存在可行性，但要实现经济效益难点很多，需要统筹兼顾、因地制宜。

8 对海水淡化认识误区的分析研究及说明

8.1 海水利用对环境影响分析

海水利用对环境的影响主要包括两个方面：海水取水和浓海水排放等对海洋环境的影响、海水利用对陆地和大气环境的影响。

8.1.1 海水利用对环境的影响

2010年，原国家海洋局发布了《海水综合利用工程废水排放海域水质影响评价方法》，规定了海水综合利用工程废水排放海域水质标准，详见表8-1。

表8-1 海水综合利用工程废水排放海域水质部分项目评价标准

项目	评价标准
钙	盐水中的钙对5种鱼类的急性致死浓度为577～114 000微克/升，对30种无脊椎动物的急性致死浓度为15.5～135 000微克/升
盐度	河口等盐度线上盐度的变化不大于其自然变化的10%
镁	饮用水为50微克/升，在海洋软体动物的觅食海域浓度不超过100微克/升

8.1.2 海水取水对海洋环境的影响

生态系统中的海洋生物受海水利用取水过程影响最大。海水利用取水系统中时常吸进大量的浮游生物，消耗浮游生物量，潜在地破坏鱼类繁殖的生态环境。

8.1.3 浓盐水排放对海洋环境的影响

现行海水利用技术，尤其是海水直流冷却、海水循环冷却、海水淡化等，导致大部分浓盐水直接排海。浓盐水排放对海洋环境的影响主要体现在浓盐水、化学药剂及温排水排放3个方面。

（1）浓盐水的环境影响

大洋海水平均盐度为34.7，而海水循环冷却、海水淡化排放盐水的盐度约为其2倍。由于蒸发速率高和淡水汇入量小，加之浓盐水排放，部分地区的海水盐度可能远超平均值。尤其处于半封闭区域（如我国渤海）的海水更新速度慢，盐度呈现分布不均的态势，极有可能引发浮游生物分布紊乱。

（2）化学药剂排放的环境影响

海水无论直接利用还是淡化利用，必须进行杀菌、降浊、脱碳、脱氧、加缓蚀剂、加阻垢剂、加消泡剂等一系列的预处理，以稳定水质，保证海水利用过程的顺利进行。此外，海水淡化预处理后须添加还原剂，反洗过程如每年反渗透膜清洗要用到除垢剂、弱酸等。处理后的残留化学药剂和系统中结垢与腐蚀产物随清洗剂一起进入排放系统，大量的长期排放可能会对周围海洋生态环境和海洋生物产生潜在不利影响。如海水冷却早期使用的含磷配方阻垢分散剂，长期使用会造成水体富营养化。传统的杀菌剂以液氯和次氯酸钠等氧化物为主，长期使用、排放易对环境产生危害。其他应关注的问题还有浓盐水毒性和溶解氧的消耗量等问题。

（3）温排水的环境影响

海水冷却排放水伴随着一定的热量排放，这一过程可能会使局部海域水温升高，有可能影响海洋生物生长繁殖等，同时引起赤潮，改变海水化学需氧量，直接或间接影响海水水质。

30 ℃被认为是大多数水生生物所能承受的温度上限，海洋生物的幼体对温度尤为敏感。通常反渗透海水液化系统浓盐水排放温度比环境温度要高出3～5 ℃，而热法海水淡化浓盐水温度则要高出3～15 ℃。此外，热法海水淡化过程中，部分海水经预热后直接排放，也会造成海洋环境的热污染。

8.1.4　海水利用对陆地和大气环境的影响

在使用海水循环冷却时，蒸发散热使部分海水变为水蒸气进入空气中。未被拦截的水滴中含有大量可溶性盐分，随风飘落至周围环境，有可能对设备表面产生腐蚀，抑或造成周围土壤的盐碱化，而且冬季会在冷却塔周围结冰，甚至影响交通。通常可用收水器来捕获这部分水分，减少环境影响。

此外，海水淡化需要消耗大量能源，且多以燃烧化石燃料获得。目前，多级闪蒸法、低温多效蒸馏法和反渗透膜法能耗分别为24～36千瓦·时/米^3、18～30千瓦·时/米^{3}和3～6千瓦·时/米^3。一座10万米^3/日的海水淡化厂，日耗能40万～80万千瓦时，CO_2排放量60万～80万千克/日。此外，热法海水淡化为防止结垢与腐蚀必须进行脱气，脱除的CO_2直接排入大气，同时，用于发电与汽锅炉的煤炭燃烧也会产生大量CO_2气体。

海水淡化设施与厂区建设占据部分海岸线，而且海水淡化厂还需要相应的辅助设施，导致海岸向工业区发展，破坏自然景观，沿岸地区的土地价值降低。大量用于输送海水和浓盐水的管路埋设地下，管道腐蚀或渗漏会污染地下蓄水层。

除上述提到的环境影响因素外，海水利用过程中还存在其他一些影响。例如，海水淡化反渗透工程中高压泵和能量回收装置能产生9～100分贝的噪声，形成严重的噪声污染。热法海水液化过程中，传热管中铝、铜、锌等金属材料产生的腐蚀产物会随着浓盐水一同排放，对海洋环境也会产生不利影响。同时，海水中过量的重金属元素除直接对海洋生物造成毒害外，还可能由生物体富集和食物链传递，通过海产品进入人体并造成危害。

8.2　海水利用环境影响的应对措施

降低海水利用对环境的影响，最主要的措施是发展相应的技术，以技术进步减少潜在环境影响。大力发展海水淡化、海水冷却关键技术和装备研发，开发绿色环保水处理药剂，优化取排水设计，实现浓盐水综合利用。

8.2.1　取排水口的优化设计

海水利用装置的设计与建设应充分考虑海洋环境，优化设计取排水。取排水设计应考虑：取排水口设计与布局要避免选址于生态敏感地区；尽量在深水区、远离岸边或采用滩井方式取水，减小取水流速，采用设计合理的取水结构，降低对浮游生物、其他海洋生物卵和幼体的影响，同时获取较好的取水水质，减少化学预处理；设计合理的取水方式，如在取水口安装过滤器或利用岸上的水井、地下渗透取水，消除海洋生物的夹带。排水口选址和设计应具有充足的混合速率和液化体积来最小化不利冲击；排水口要选在水动力好的地方，浓盐水应向开放性海域排放，避免向封闭的河流或其他区域排放。

8.2.2　能源的综合利用

针对海水利用尤其淡化过程能源消耗问题，首先，需对海水淡化装置进行能量及技术经济性能分析，根据具体情况选择合适匹配的工艺，如小型淡化装置多采用蒸汽压缩法、电渗析法，大型装置多采用反渗透膜法、多级闪蒸法、低温多效蒸馏法。其次，单一海水淡化过程的水回收率、能源利用率较低，可通过多种淡化工艺耦合、联产实现二者提升。再次，结合新型可再生能源，如太阳能、风能、潮汐能等，可从根本上减少传统石化能源的消耗。最后，海水淡化厂最好选址在离发电厂近且有利于废热回收利用的地方，以充分利用低成本的低品位废热，并可结合热泵的应用提高低品位热源品质，实现废热的回收利用，节约能源。

8.2.3　浓盐水排放方式的优化

浓盐水排放方式的优化可从以下几方面考虑：一是采用与污水处理装置、动力装置冷却水排放相结合冲稀后排放的方式，可缓解浓盐水盐度高造成的影响；二是为避免热污染，可将浓盐水通入冷却系统充分散热，或选择散热与扩散较好的排放地点；三是排放口采用多管道，排放管道末端50～100米范围内使用端口扩散，强化排放浓盐水的混合与扩散过程，并优化设计扩散装置的安装角度；四是根据潮汐规律确定排放时间，以减小浓盐水排放对海洋环境的影响。

8.2.4　减少有害化学物质的污染

海水利用前的预处理过程中尽量少采用或不采用危险化学品。此外，开发防腐、抗垢性能好的新材料，采用抗腐蚀管路，以减小腐蚀产物中有害物质的影响（如相比于铜管和镍合金管，聚乙烯管或者铁管更具有优越性）。对排放废水进行适当的化学处理，尽可能去除其中有害的化学物质，避免化学物质对海洋生物的毒害作用。

8.2.5　浓盐水综合利用

对海水利用后产生的浓盐水再利用，基于浓盐水温度、盐度都较高的特点，可采用太阳能池、电渗析或自然蒸发等方法制盐或提取化工原料，在减轻环境影响的同时，还能有效利用资源，创造一定经济效益。

不同地区浓盐水排放对环境的影响程度不同，这取决于海洋水体环境（深度、潮汐、海浪、洋流等）、海洋生物的敏感度，以及海水利用类型、规模、辅助设施等条件。深入了解海洋环境，优化海水利用工艺，可降低其对环境的负面影响。各海水利用厂可结合自身实际，综合采取合理的应对措施。如澳大利亚珀斯海水淡化厂经过2年半的运行证明，所排放的浓盐水并未对海洋环境产生负面影响。

8.3 国外浓盐水排放对环境影响案例分析

目前，全球海水淡化规模已达到日产10 432多万立方米，99%以上浓盐水均直接排回大海。澳大利亚、日本等做过多年跟踪研究，截止到目前，未发现浓盐水排放对海洋环境造成危害。波斯湾周边海水淡化规模已达日产1900多万立方米，产生的浓盐水已直排多年，长期以来，未发现对周边海域环境造成严重影响。

波斯湾是国际海水淡化产能最集中的地区。波斯湾海水淡化主要是与电厂结合的电水联产工程。2012年波斯湾沿岸海水淡化总量约为50亿米³/年（约1500万吨/日），约为世界总产能的45%。上述淡化厂主要分布在阿联酋（占波斯湾海水淡化产能的35%）、沙特阿拉伯（占34%，其中14%可归于波斯湾，20%归红海）、科威特（占14%）、卡塔尔（占8%）、巴林（占5%）和阿曼（占4%）。预计到2030年，波斯湾沿岸海水淡化产能将增加到90亿米³/年。

波斯湾是阿拉伯海西北伸入亚洲大陆的一个海湾，介于伊朗高原和阿拉伯半岛之间，西北起阿拉伯河河口，东南至霍尔木兹海峡，长970多千米，宽56～338千米，面积24.1万平方千米，平均水深约40米，最大深度104米，与大洋相通的霍尔木兹海峡最窄处38.9千米。与此相比，渤海面积7.728 4万平方千米，平均水深18米，最大水深85米，与大洋相通的渤海海峡最窄处109千米。波斯湾容纳了全球接近一半的海水淡化产能，长期以来，未报道产生明显的环境问题。对于我国沿海海域容纳海水淡化浓盐水的能力，可作为重要参考。

8.4 国内浓盐水排放对环境影响跟踪调研分析

青岛百发海水淡化有限公司分别于2008年、2010年、2016—2018年对其浓盐水排放口位置水域进行跟踪监测评价，站位示意图见图8-1。

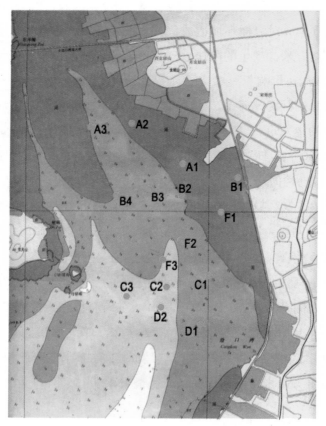

图8-1 青岛百发海水淡化厂浓盐水排放口监测站位示意图

将2016年、2017年、2018年跟踪监测结果与历史调查数据比较，结果表明，该海域的海水水质、表层沉积物质量、海洋生物群落均无明显时空变化，在跟踪监测年内未发现青岛百发海水淡化有限公司排放浓盐水对附近海域环境的明显影响。

8.5　海水淡化浓盐水动力模型分析

为模拟海水淡化浓盐水对海域环境的影响，自然资源部和天津海水淡化与综合利用研究所在搭建水动力模型的基础上，在塘沽附近设置模拟浓盐水排放源，排放量100万吨/日，盐度62，同时设定渤海湾海水初始盐度和开边界盐度为31，耦合了温盐扩散模块，调整蒸发、辐射等参数，模拟了浓盐水排海后盐度的扩散情况，分析了其在大潮高潮、大潮低潮、小潮高潮、小潮低潮时刻水平和垂向上的扩散行为。模拟结果显示，在潮流影响下，不同潮时盐度水平方向影响范围由大到小依次为小潮低潮>小潮高潮>大潮低潮>大潮高潮，垂直向上高潮时沉降距离小于低潮时。详见图8-2、图8-3。

总体上，通过动力学模型分析，对于一座100万吨/日的海水淡化厂，在最简易的排放条件下，其盐度的影响（增加超过1.5克/千克）范围不会超过1平方千米。如果外海采取分散排放、增加排放流速等措施，影响范围将大大缩小。

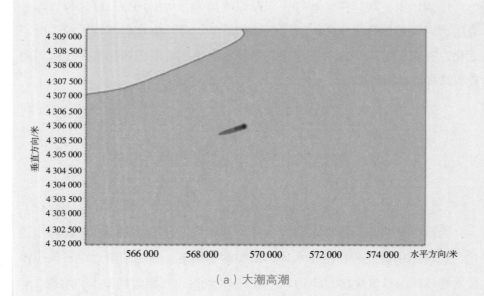

（a）大潮高潮

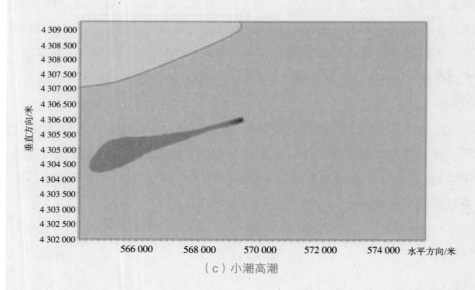

（c）小潮高潮

图8-2　不同潮时

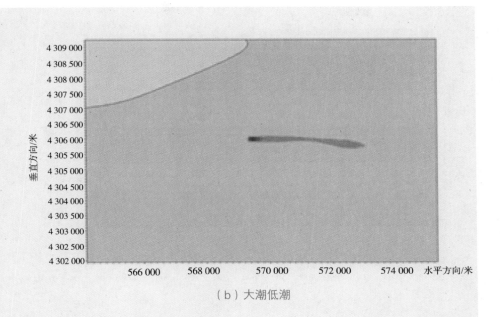

（b）大潮低潮

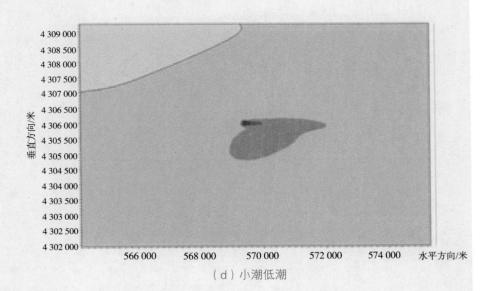

（d）小潮低潮

盐度水平分布

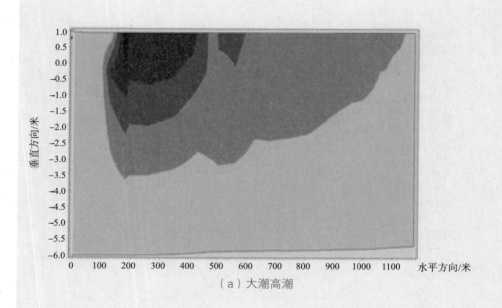

（a）大潮高潮

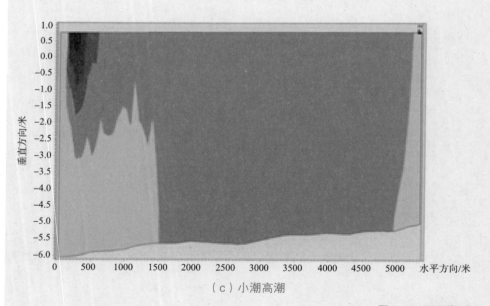

（c）小潮高潮

图8-3 不同潮时

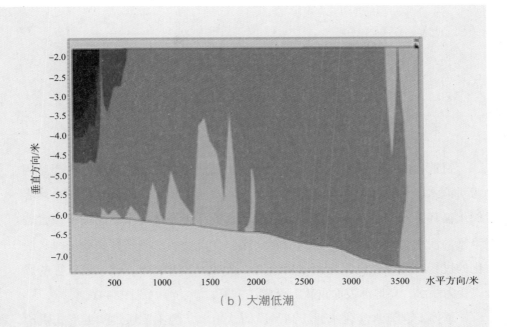

（b）大潮低潮

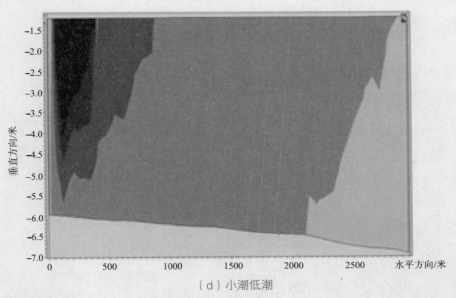

（d）小潮低潮

盐度垂直分布

8.6   淡化饮用水对人体健康的影响因素

目前，一些公众对海水淡化水的使用仍然存在着一些顾虑，主要是因为对海水淡化技术了解得还不够透彻。海水淡化技术就是人类模拟自然界的水循环运动，为自己创造更多可饮用水的一种开源技术。海洋中蕴藏着丰富的淡水，是巨大而稳定的淡水储库。大自然的水循环其实就是海水淡化的过程，海水经过阳光照射后蒸发，通过雨、雪、露、云、霜、雾的形式变为淡水，在地球表面重新汇聚成江、河、湖、海。见图8-4。

总体上，海水淡化水属于高品质的饮用水，现主要通过掺混形式供给市政用水，可以优化水质，各项水质指标均达到甚至优于我国《生活饮用水卫生标准》，应作为沿海缺水城市和海岛的水源。

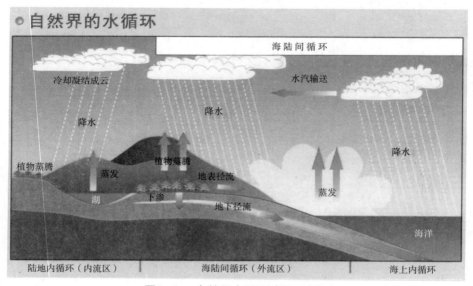

图8-4a   自然界水循环过程示意图

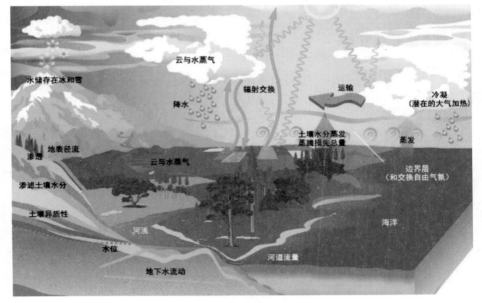

图8-4b　自然界水循环过程示意图

8.7　国内外相关机构对海水淡化水的跟踪研究情况

世界面临的水危机在继续恶化，海水淡化已经成为解决人类水危机的必然选择。针对目前应用的海水淡化技术，从水质安全和饮用健康的角度出发，很多专家、学者给出了不同的意见。中国疾病预防控制中心环境与健康相关产品安全所毒理室和中国疾病预防控制中心科技处共同对长期饮用海水淡化水的大鼠血清中甘油三酯代谢进行研究。研究表明，长期饮用海水淡化水不会对大鼠健康带来明显影响。同理，饮用海水淡化水也不会对人类健康带来明显影响。

　　从国外经验来看，阿联酋、科威特、沙特阿拉伯等中东国家都已把海水淡化水作为重要的生活饮用水，如卡塔尔和科威特90%以上的饮用水来源于海水淡化水。在马尔代夫等一些岛屿国家，饮用水更是几乎全部来源于海水淡化水。以色列等也已将海水淡化纳入全国水资源配置体系，修建了连接海水淡化厂与集中供水系统的管路。

9 国内外推动海水淡化产业发展政策情况

9.1　国外海水淡化发展政策和举措

海水淡化是解决水资源短缺的重要途径，愈来愈得到一些沿海国家的高度重视，海水淡化技术快速发展。尤其在中东地区和一些岛屿地区，海水淡化水在当地经济和社会发展中发挥了重要作用。国外支持海水淡化发展的主要做法如下。

9.1.1　建设投资方式多样化

国外海水淡化工程的建设，建设—经营—转移和建设—拥有—经营是主要融资模式（参见1.3.1）。阿联酋政府为了迅速改变水资源短缺现状，允许外国公司投资建设海水淡化水和电力联产联供的水电联合企业，外国企业可拿到40%的股权。但为了保障国家战略性资源水和电的安全，政府持有水电联合企业60%的股份，并且是水和电的买主。以色列海水淡化厂的承包商主要是私人企业，政府对初期投资给予支持并在合同中确定工厂生产后由政府保证最低购买量及购买价，以降低投资者的风险。

9.1.2　切实可行的补贴政策

许多国家政府为了解决日益紧缺的淡水资源问题和促进海水淡化产业的发展，在加大资金投入的同时积极研究制定鼓励发展海水淡化政策措施。例如：阿联酋对发电设施和供水设备的进口没有限制，只征收4%的关税；西班牙和意大利政府对海水淡化水给予补贴，但每立方米海水淡化水补贴额不超过海水淡化水的成本；以色列制定2002—2010年制水规划，对海水淡化、苦咸水淡化和废水回用等提出了明确目标；欧盟把海水淡化作为区域政策重点，对地中海沿海成员国在海水淡化工程建设方面给予资金支持，如西班牙的海水淡化工程项目，欧盟将提供80%左右的资金支持。

美国2004年颁布《脱盐电价优惠法》，明确规定能源部部长应对海水淡化厂给予每吨水0.16美元的直接补贴，或在2015年年底前与海水淡化厂就价格优惠问题签署书面协议，明确补贴总额。

日本政府把海水淡化作为公益供水工程，用中央政府补助总投资额（347亿日元）的85%建设了日本最大的冲绳岛反渗透海水淡化厂，日产淡水4万立方米，与附近的北谷净水厂的水相互混合后供给民用。

9.1.3　统筹协调监督管理

海水淡化是涉及多方面的系统工程，许多国家不断加大统筹协调力度，并不断完善制度和标准，加强监督管理，促进海水淡化产业健康、有序、快速发展。一是成立专门机构，如以色列专门设立了水资源委员会，具体负责海水淡化水的定价、调拨和监管。二是完善相关技术标准，如法国的Sidem公司在海水淡化选材上制定了一系列企业标准。三是严格市场准入，如：欧盟对大型海水淡化项目有十分严格的市场准入制度，对海水淡化项目进行环保论证和环境影响评价，对海水淡化水水质进行严格监测；阿联酋对海水淡化项目进行海洋环境影响前期论证和后期评估。

9.1.4　典型示范积极推广

阿联酋、以色列、西班牙、意大利等海水淡化先进国家大都是从一个较小规模的示范工程起步，通过示范对海水淡化产业的发展进行引导。示范工程实际的建设成本、海水淡化水的水质、运行成本以及对当地经济社会的推动作用解除了人们的疑惑，使海水淡化产业快速发展。

9.1.5　政策借鉴和启示

第一，政府引导是发展海水淡化产业的关键。国外海水淡化产业发达的国家发展海水淡化有一个共同的特点，即政府对海水淡化发展起着主导和推动作用。青岛市有关部门应加快研究制定相关财税激励政策，建立和完善海水利用标准体系、市场准入标准，积极开展试点示范，并对示范项目给予一定的资金支持。同时，按照国务院有关要求，加大水价改革力度，通过合理调整水价及其结构，促进海水淡化水的生产和使用。要依据有关规定，合理确定海水淡化水价格，允许进入城市供水系统，并保证一定的使用量。

第二，技术创新是海水淡化产业化发展的原动力。进一步加大海水淡化技术原始创新、集成创新、引进消化吸收再创新力度。组织重大技术攻关，开发具有自主知识产权的共性技术和关键技术，提高海水淡化技术支撑能力和创新能力。

第三，投融资机制创新是促进海水淡化产业发展的重要保障。国外特别是中东国家大都采取多渠道融资方式，促进海水淡化产业发展。在保证政府对海水淡化水控制权的前提下引入竞争机制，加快海水淡化工程项目建设，降低海水淡化工程的建设和运行成本。可以通过国家、地方、企业、社会多方筹集资金，采取企业自筹、银行贷款、社会融资、利用外资、地方配套、国家补助等多种方式，建立多元化、多渠道、多层次、稳定可靠的海水利用投入保障体系。

9.2　我国海水淡化产业法规政策现状

9.2.1　海水淡化法律法规情况

海水利用产业是我国海洋战略性新兴产业，是海洋经济的重要组成部分，但现有产业政策手段措施尚不健全。目前，我国并无法律、行政法规对海水利用发展做出专门性规定，现有法律对海水利用的规定主要见于《中华人民共和国水法》《中华人民共和国海岛保护法》《中华人民共和国循环经济促进法》。现有的法律规定尚未将海水利用上升为国家水资源管理战略的高度，仅以鼓励性规定为主，在具体实施办法、措施上缺乏有力支撑和保障。

《中华人民共和国水法》第二十四条规定："在水资源短缺的地区，国家鼓励对雨水和微咸水的收集、开发、利用和对海水的利用、淡化。"

我国针对海水、海域的使用管理和海洋环境的保护分别颁布实施了《中华人民共和国海域使用管理法》（2002年1月1日起施行）、《中华人民共和国海洋环境保护法》（修订后于2017年11月5日起施行）和《中华人民共和国海岛保护法》（2010年3月1日起施行）及其配套的行政法规，对海水利用进行了规范。《中华人民共和国海岛保护法》和《中华人民共和国循环经济促进法》对海水利用的规定分别有："支持有居民海岛淡水储存、海水淡化和岛外淡水引入工程设施的建设。""有居民海岛的开发、建设应当优先采用风能、海洋能、太阳能等可再生能源和雨水集蓄、海水淡化、污水再生利用等技术。""国家鼓励和支持沿海地区进行海水淡化和海水直接利用，节约淡水资源。"《中华人民共和国企业所得税法实施条例》第八十八条明确规定：企业从事海水淡化项目的所得，自项目取得第一笔生产经营收入所属纳税年度起，第一年至第三年免征企业所得税，第四年至第六年减半征收企业所得税。

财政部、国家税务总局、国家发展改革委发布的《环境保护专用设备企业所得税优惠目录》《节能节水专用设备企业所得税优惠目录》均将海水淡化设备列入其中。

9.2.2 海水淡化规划政策情况

"十二五"以来，我国对海水淡化产业重视程度不断提高，国务院办公厅、国家发展改革委、科技部、原国家海洋局等相继出台的促进我国海水淡化产业发展的意见及规划，为海水淡化产业健康有序发展提供了有力指导。有关部门涉及海水利用的专门规划、指导性文件有2005年国家发展改革委、财政部、原国家海洋局联合发布的《海水利用专项规划》，"十二五"期间国家发展改革委发布的《海水淡化产业发展"十二五"规划》、科技部发布的《海水淡化科技发展"十二五"规划》、原国家海洋局发布的《关于促进海水淡化产业发展的意见》，以及"十三五"期间国家发展改革委、原国家海洋局联合发布的《全国海水利用"十三五"规划》等一系列规划引导文件。其中，《海水利用专项规划》是我国第一部海水淡化规划。《中华人民共和国国民经济和社会发展第十三个五年规划纲要》提出"推动海水淡化规模化应用"。其他有关部门发布多项规划，从产业发展、科技创新、体制优化、工程建设等方面对海水利用业发展进行全方位部署。2016年年底，国家发展改革委、原国家海洋局联合发布《全国海水利用"十三五"规划》，提出了发展海水利用的总体要求，从扩大海水利用应用规模、提升海水利用创新能力、健全综合协调管理机制、推动海水利用开放发展等方面指明了海水利用业的发展方向。2017年5月，国家发展改革委、原国家海洋局联合印发《全国海洋经济发展"十三五"规划》，规划部署培育壮大海水利用业，提出推动海水淡化水进入市政供水管网、实施沿海缺水城市海水淡化民生保障工程、推动海水冷却技术在沿海电力等高用水行业的规模化应用、支持城市利用海水作为大生活用水的示范、推进海水化学资源高值化利用等举措。同时，海水利用也被列入《"十三五"国家科技创新规划》《全民节水行动计划》《全国科技兴海规划（2016—2020年）》《工业绿色发展规划（2016—2020年）》《"十三五"海洋领域科技创新专项规划》等重要规划和行动计划。

尽管"十二五"期间《国务院关于加快海水淡化产业的意见》对海水利用中的淡化产业发展提出了总体思路和发展目标，对重点工作、政策措施和组织协调做出了比较全面的安排，原国家海洋局、国家发展改革委、科技部等有关部门结合自身职能对海水淡化产业发展做了相应规划，但这些规划本质上属于行政规划，其核心含义即为有效达成未来行政目的所做的主观的理性设计与规划，更多的是目标要求与鼓励支持，对海水利用产业实现预期目标的保障途径和激励手段不多，特别是有利于海水利用的价格体系尚未建立，有利于拓宽海水利用途径的政策措施尚未出台，有利于海水利用与市场对接的多元融资渠道尚未打开，有利于海水利用的发展促进保障机制尚未研究形成。这些政策措施的不健全在很大程度上影响和制约了海水利用的规模化发展，海水利用相比海洋其他新兴产业，发展基础就显得较为薄弱。

国家近年来颁布的相关政策措施见表9-1。

表9-1　国家近年海水淡化相关政策措施

发布年份	名称	主要内容
2005年	《海水利用专项规划》	以2003年为基准年，展望了2020年我国海水淡化发展重点、区域布局和重点工程，并重点陈述了投资分析与环境影响评价以及保障措施。该规划是我国海水淡化项目的建设依据
2010年	《全国水资源综合规划》	鼓励沿海火电和核电、石油和化工、钢铁等高用水行业积极采用海水淡化、冷却技术，降低对新鲜水取用量。提高沿海及海岛地区海水淡化利用的水平，重点用于解缺水及海岛地区的部分生活用水

发布年份	名称	主要内容
2012年	《国务院办公厅关于加快发展海水淡化产业的意见》	提出了"十二五"期间我国海水淡化产业的发展目标，以及推动使用海水淡化水、加大财税政策支持力度、实施金融和价格支持政策、完善法律法规、加强监督管理等措施
2012年	《海水淡化产业发展"十二五"规划》	到2015年，我国海水淡化能力达到220万～260万米^3/日，对解决海岛新增供水量的贡献率达到50%以上，对沿海缺水地区新增工业供水量的贡献率达到15%以上
2012年	《国务院关于实行最严格水资源管理制度的意见》	提出鼓励并积极发展污水处理回用、雨水和微咸水开发利用、海水淡化和直接利用等非常规水源开发利用。加快城市污水处理回用管网建设，逐步提高城市污水处理回用比例。非常规水源开发利用纳入水资源统一配置
2014年	《关于进一步加强城市节水工作的通知》	提出要因地制宜推进海水淡化水利用。鼓励沿海将海水淡化优先用于工业企业生产和冷却用水，开展海水淡化水进入市政供水系统试点，完善相关规范和标准
2015年	《中共中央关于制定国民经济和社会发展第十三个五年规划的建议》	提出要实行最严格的水资源管理制度，以水定产、以水定城，建设节水型社会。合理制定水价，编制节水规划，实施雨洪资源利用、再生水利用、海水淡化工程
2015年	《节水型社会建设"十三五"规划》	将海水淡化等非常规水利用纳入重点领域节水任务
2015年	《国务院水污染防治行动计划》	推动海水利用。在沿海地区电力、化工、石化等行业，推行直接利用海水作为循环冷却等工业用水。在有条件的城市，加快推进海水淡化水作为生活用水补充水源
2015年	《中共中央、国务院关于加快推进生态文明建设的意见》	积极开发利用再生水、矿井水、空中云水、海水等非常规水源，严控无序调水和人造水景工程，提高水资源安全保障水平

续 表

发布年份	名称	主要内容
2016年	《全国海水利用"十三五"规划》	提出海水利用具体目标:"十三五"末,全国海水利用总规模达到220万米³/日以上,沿海城市新增海水淡化规模105万米³/日以上,海岛地区新增海水淡化规模14万米³/日以上
2016年	《水利改革发展"十三五"规划》	提出要鼓励非常规水源利用,把非常规水源纳入区域水资源统一配置。加强海水淡化和直接利用,因地制宜建设海水淡化或直接利用工程,鼓励沿海地区和工矿企业开展海水淡化水利用示范工作,将海水淡化水优先用于适用的工业企业
2016年	《"十三五"国家科技创新规划》	将海水淡化与结合利用纳入保障国家安全和战略利益的技术体系。突破低成本、高效能海水淡化系统优化设计、成套和施工各环节的核心技术;突破环境友好型大生活用海水核心共性技术,积极推进大生活用海水示范园区建设
2016年	《全民节水行动计划》	沿海缺水城市和海岛要将海水淡化作为水资源的重要补充和战略储备,在有条件的城市,加快推进海水淡化水作为生活用水补充水源,鼓励地方支持主要为市政供水的海水淡化项目,实施海岛海水淡化示范工程
2016年	《全国科技兴海规划》	"十三五"期间,海水淡化与综合利用关键装备自给率达到80%,成套装备和工程走向国际市场,完善财税、金融、产业激励等政策,引导更多资源要素投向海水淡化等海洋战略性新兴产业,全方位、体系化地促进海水淡化产业规模化发展。推进现有企业海水循环冷却替代海水直流冷却试点示范,在滨海新建企业推广应用海水循环冷却技术,在沿海城市和海岛新建居民住宅区,推广海水作为大生活用水
2016年	《工业绿色发展规划》	推进中水、再生水、海水等非常规水资源的开发利用,支持非常规水资源和利用产业化实施工程,推动钢铁、火电等企业充分利用城市中水,支持有条件的园区、企业开展雨水集蓄利用
2017年	《全国海洋经济发展"十三五"规划》	规划部署培育壮大海水利用业。提出推动海水淡化水进入市政供水管网、实施沿海缺水城市海水淡化民生保障工程、推动海水冷却技术在沿海电力等高用水行业的规模化应用、支持城市利用海水作为大生活用水的示范、推进海水化学资源高值化利用等举措

发布年份	名称	主要内容
2017年	《关于非常规水源纳入水资源统一配置的指导意见》	编制非常规水源开发利用规划,将非常规水利用作为建设项目和规划水资源论证、取水许可审批中优先考虑的配置对象,将非常规水源纳入用水计划管理,将非常规水源开发利用工程纳入水源工程,完善非常规水源利用统计制度
2019年	《国家节水行动方案》	高耗水行业和工业园区用水要优先利用海水,在离岸有居民海岛实施海水淡化工程。加大海水淡化工程自主技术和装备的推广应用,逐步提高装备国产化率。沿海严重缺水城市可将海水淡化水作为市政新增供水及应急备用的重要水源
2019年	《产业结构调整指导目录(2019年本)》	非常规水源开发利用

9.3 各省市海水淡化发展政策和举措

海水淡化在我国还属于新兴产业,产业化处于初级阶段,发展海水淡化需要国家政策的引导和推动。目前,各沿海省市也将海水淡化作为重点领域纳入战略性新兴产业,享受战略性新兴产业优惠政策。

天津市在海水淡化利用技术的研发和成果转化方面给予了高度重视,通过大量、持续专项资金投入支持重大课题研究,实现关键技术突破和进步。《天津市海水淡化产业优惠政策》中将海水淡化水纳入水资源进行统一配置,政府给予差价适当补贴;减免海水淡化企业用地的出让金;减免海水淡化企业海水资源税;建立海水淡化专项资金,对海水淡化项目建设给予贷款贴息;将海水淡化的专用供电、供水设施纳入城市基础设施建设范畴;将海水淡化项目列入天津市高新技术和基础建设的重点工程,在规划、用地、设计、建设、管理等诸方面,简化审批程序,减免相应收费。

《天津市海水资源综合利用循环经济发展专项规划（2015—2020年）》《关于加强海水淡化水配置利用工作的通知》也做出相关要求。

浙江省是研发和应用反渗透海水淡化技术最早、海水淡化产业发展最快的省份。2013年年底，浙江省将海水淡化用电从工业用电转为农业用电，预计吨水成本下降约1元。采用工业电价时，考虑到峰谷电及变压器租赁费等因素，平均电价在1元/（千瓦·时）左右。转为农业生产用电后，电价可以降低到0.728元/（千瓦·时）。此次电价降低的幅度，在0.22元/（千瓦·时）左右。浙江省积极研究制定在税收优惠、产业技术、价格扶持和用地保障、项目运营、技术和设备出口、人才培养与知识产权保护、行业组织与管理等方面的海水淡化利用扶持政策。2013年，浙江省物价局转发《国家发展改革委调整销售电价分类结构有关问题的通知》，要求自12月1日起，海水淡化用电由工业用电转为农业生产用电。同年，浙江省发展改革委出台《浙江省海水淡化产业发展"十二五"规划》，提出要加大财政投入力度，完善税收支持政策，加大价格扶持和土地保障力度，积极探索海水淡化企业向电厂直购电，加大金融支持力度。此外，还设立了海水淡化专项补偿资金，政府给予差价适当补贴。

《河北省加快发展海水淡化产业三年行动方案（2013—2015年）》提出：将海水淡化水纳入省市水资源计划统一配置，探索对进入市政供水系统的海水淡化水出台价格补贴政策，将海水淡化水输送管网纳入城市供水管网建设；严格限制沿海地区特别是曹妃甸区、渤海新区内新建以地下水、地表水为水源的高耗水项目；建立按质论价的水价形成机制，加大对海水淡化的补贴力度；积极争取曹妃甸区、渤海新区列为国家大用户直购电试点，对海水淡化用电执行优惠电价；完善政策措施，简化项目审批程序，建立促进海水淡化发展的价格机制、财税机制及投融资机制。

《山东半岛蓝色经济区发展规划》提出，鼓励有条件的生活小区、工业企业使用海水淡化水，加快建设一批海水淡化及综合利用示范城市。在激励政策方面，山东省物价局对青岛市百发、董家口经济区、潍坊清水源（一期）海水淡化项目用电价格进行批复，明确海水淡化项目自2018年1月1日起3年内用电价格暂按居民生活用电类的非居民用户每千瓦时0.555元（含税）标准执行，期满后根据国家电价改革进程和海水淡化项目运营状况另行确定。《威海市人民政府关于实行最严格水资源管理制度的实施意见》提出，做好辖区内海水淡化水等水资源的统一调度配置，鼓励并积极发展海水淡化水等非常规水源开发利用。《青岛市海水淡化产业发展规划》提出，到2015年，全市海水淡化能力达到40万米³/日，海水淡化产业总产值达到120亿元，带动相关行业产值增加400亿元。

辽宁省大连市将海水淡化产业纳入循环经济发展，并从立法、政策、技术、工程建设等多方面加以引导。《大连市海水利用规划（2008—2020年）》《加快推动海水淡化产业发展实施海水淡化示范工程的意见》提出：要严控高耗水工业项目用水审批，严格要求沿海石化企业、电厂实施海水淡化；实行特许经营权，拓宽融资渠道，给予合理水价补贴；探索实施新的水价形成机制，合理制定购售水分类水价，实行鼓励海水淡化的价格政策；对纳入市政府专项规划，并经批准建设的示范项目，给予投资补贴或贷款贴息等资金支持；对海水淡化生产企业、设备研发制造企业给予相应的税费减免。

广东省的海水淡化还处于试点阶段。《珠海市特色海洋经济发展规划（2013—2020年）》提出：到2020年，实现海水淡化产业聚集；海水淡化在无居民海岛的利用实现推广，在桂山、万山、外伶仃等海岛优先建设海水淡化厂。深圳提出将常规与非常规水资源开发利用并重。《深圳海水淡化试点城市工作方案》提出：到2015年实现对海水淡化水新增工业供水量的贡献率达到15%以上，依托中广核和深能源，打造2个5万吨级以上海水淡化示范工程；推广海水淡化水作为高水耗企业的工业锅炉补给水、工业冷却水等。

在厦门打造海洋经济千亿产业链的规划蓝图中，海水淡化及相关产业链已被提升到众多涉海产业当中的领头羊位置。厦门市委、市政府提出，要将厦门建成海峡西岸海水淡化利用示范城市，将海水淡化水作为水资源的重要补充和战略储备，成为该市继水库水源、九龙江之后的"第三水源"，做大做强海水产业链。

9.4　青岛市海水淡化政策现状

青岛市坚持以"率先科学发展，实现蓝色跨越"为主线，将海水淡化产业列为十大新兴产业之一，加大对海水淡化产业政策支持。特别是国家发改委批复青岛市作为海水淡化试点城市后，青岛市海水淡化应用及相关上下游产业取得进一步发展。青岛市2005年颁布实施的《青岛市海水淡化产业发展规划》，分别从成立统一的协调机构、制定海水利用产业政策、衔接其他规划、改革现行水价体制等方面提出相关政策措施；2013年制定颁布的《青岛市海水淡化装备制造业发展规划（2013—2020）》提出，确立海水淡化战略地位、加快合理调整水价形成机制、加快制定海水淡化地方性法规、建立海水淡化相关标准体系等政策；2016年编制的《青岛市全域水资源安全及开发利用规划（2016—2020）》，在重点任务中明确"形成海水利用产业发展集群，提高对淡水资源替代比例"。

2018年，《青岛市海水淡化产业发展规划（2017—2030年）》出台，旨在促进青岛市海水淡化产业健康、快速发展，加快新旧动能转换，培育新的经济增长点，解决青岛市用水短缺问题。根据该规划，青岛市将确立海水淡化稳定水源及战略保障地位，将海水淡化纳入全市水资源平衡供需管理。青岛市有关部门自20世纪90年代就着手海水利用的法规和政策的研究，但一直没有形成专门的海水淡化产业激励政策。一是，各部门尚未出台扶持海水淡化的具体财政补贴政策、水价调整机制以及企业风险补偿政策，这在一定程度上制约了海水淡化产业发展；二是，政策的可持续性相对较差，规划中提出的建立地方性法规、健全海水淡化标准体系等政策，未得到较好的落地实施。

10 海水淡化存在问题及推动 发展的对策建议

10.1 海水淡化发展存在问题

10.1.1 反映市场良性价格的体系尚未形成

海水淡化亟待解决的核心问题是如何改变水价体系不合理局面，扭转海水淡化在价格上的劣势。现阶段海水淡化水价格偏高是相比较而言的，我国尚未建立符合市场经济要求的良性水价机制，导致价格与价值脱节。多年来，我国一直将水利工程和城市供水工程作为支撑可持续发展的基础性、公益性工程，长期实行价格补贴，造成水价普遍偏低。而海水淡化工程从一开始就完全按照市场化方式运作，资金来源大多依赖自筹和银行贷款，即使为城镇供水的海水淡化工程，也少有政府资金扶持，多数企业成本倒挂。海水淡化工程的建设和运营，不仅需要考虑运行成本，还要考虑投资效益。长期以来缺乏扶持政策，未真实反映市场价格的水价问题一直存在，生产企业承担着"接收用户不足"和"造水即亏损"的双重风险，制约着海水淡化进入城市供水系统的发展。这种不对等的现象造成了供水价格的较大差异，海水淡化产业难以实现良性运转。

10.1.2　相关法规政策及产业发展标准体系尚不完备

作为非常规水源的有效补充，因受地域限制和成本等问题，海水淡化用水仍然缺少相关政策的管理和扶持，表现在：①尚未有有效的激励海水淡化发展的产业政策，目前出台的优惠政策对从事海水利用相关的企业扶持力度还不够大，海水利用的发展还需要更多的政策支持；②法律法规和相关配套标准体系不够健全，随着海水利用产业的发展，现有的标准难以解决海水利用尤其海水淡化过程中出现的各类问题，如海水淡化水入市政管网标准尚未建立，急需建立健全和不断完善。

10.1.3　推动海水利用发展的管理体制尚不完善

水管理体制不完善，难以对区域水资源进行优化配置和有效管理。目前大部分城市的管理体制是分部门综合管理，水利部门管水源，城管部门管城市供水节水，发改部门（或市城市管理局）管海水淡化工程的规划建设实施。条块式管理使海水淡化水和工程缺乏同一区域综合调度运用的协调机制，使海水淡化工程不能充分实现利用效率和效益。水行政主管部门在整个海水利用管理环节与淡化水配置中虽位处从属地位，但一直在积极推进。目前虽未将海水利用纳入水资源规划和统一供给体系，但在取水许可时积极鼓励工业企业直接利用海水和海水淡化水。目前，还未能有效调动水利部门的管理积极性，发挥水利部门在水管理中的作用。

10.1.4　海水淡化战略定位及民众认识水平有待提高

在水资源安全保障上，有的地方注重地表蓄水、采挖地下水、区域调水，没有把海水淡化作为水资源的战略增量来布局；遇到连续干旱的枯水年，沿海各市及各大高耗水企业对规划、建设海水淡化工程的愿望迫切，但一旦降雨、缺水形势得到缓解，即将规划、建设的海水淡化工程就会面临停工的窘境。一方面淡水资源严重紧缺，另一方面"守着大海无水吃"的问题在沿海地区长期存在。对海水淡化是解决缺水问题的重要措施缺乏应有的认同感。

由于海水利用科普宣传工作还不够全面和深入，对将海水淡化水作为饮用水的安全性及海水淡化后浓盐水排放对环境的影响等方面，普通民众仍存在质疑与担心。社会公众和有关方面对于"海水淡化成本高""海水淡化水属纯净水，缺少钙、镁等离子，不利于健康""海水淡化水含有对人体有害的重金属离子""海水淡化浓盐水排放污染环境"等问题，还存在不同认识。在青岛、烟台等一些已具备海水淡化项目的城市，关于海水淡化后直接进入市政管网供作饮用水的新闻出现后，往往引起民众的普遍担忧，甚至有投诉反对等声音，因此对民众的宣传教育还需要加大力度。

作为生活用水，公众对长期饮用海水淡化水的安全性认识不足，对海水淡化水是否会对身体健康造成影响的顾虑尚未消除。作为工业用水，其较之其他水源使用的优势与作用仅为少数人士所识；作为新兴产业，其对当地产业结构优化升级及经济社会发展的促进作用鲜为人知；作为日益进步的科学技术成果，海水利用正以成本明显降低、见效快、水质好、水量稳定等特点被诸多沿海国家的人们所利用的正面引导宣传也明显不足。科普宣传的滞后，也是造成海水利用发展公众参与度低的又一个重要原因。

10.1.5　海水淡化资金投入和科创平台建设支持力度不够

资金投入不足，规模示范不够，缺乏公共科创平台，技术设备国产化水平有待提高。由于海水淡化产业的技术含量高，目前核心技术仍被国外公司把持，突破技术壁垒需要相当规模的资金、人才投入。而海水利用初期投资较高，动辄数亿的投资制约了行业企业的快速发展，导致企业规模普遍较小，特别是对技术创新研究开发、产业化前期成果孵化、中间试验等环节投入匮乏，技术储备不足，制造业基础薄弱，海水利用发展的后续拓展能力薄弱。如青岛百发海水淡化厂的主要技术和设备全部来自国外，增加了投资，加大了成本。另外，目前对海水资源开发利用的投入主要集中在科研领域，虽然海水淡化关键技术基本成熟，具备了规模示范和产业推广的必要技术基础和储备，但在成果转化环节（规模示范和产业培育

阶段）衔接不够，资金投入不足，造成规模示范不够，设备国产化水平不高，制约了海水利用发展。

10.2　推动海水淡化发展的对策建议

10.2.1　提高思想认识水平，确立海水淡化战略地位

从战略高度充分认识海水利用的重大意义，通过"向海洋要淡水"，缓解青岛市水资源短缺矛盾。认真贯彻落实国务院办公厅《关于加快发展海水淡化产业的意见》，强化两个"战略定位"，即海水作为沿海缺水城市重要水资源的战略定位和海水淡化水作为海岛第一水源的战略定位，把海水利用放在突出位置。

统筹协调海水利用与跨流域引水、全面节水以及其他非传统水源开发利用的关系，沿海和海岛引水工程在立项阶段要与海水淡化方案进行科学深入比选，在吨水投资和供水价格相近时必须优先选择海水淡化项目。

国家部委加大对海水淡化项目建设、产业发展、技术研发、人才集聚等方面的政策及资金支持。支持海水淡化制水参与电力用户直接交易等电力市场化交易，积极争取海水淡化优惠电价政策，降低海水淡化制水成本。

鼓励海水淡化制水企业积极采用先进可行的国产化设备，对符合条件的海水利用首台（套）重大技术装备给予补贴。落实国家支持海水淡化企业所得税等税收优惠政策。

10.2.2　推进海水淡化水纳入常规水资源统筹管理

研究海水淡化水列入常规水资源地方立法工作。保障居民供水的海水淡化设施与常规水源供水设施享有同等地位，享受土地、税收、补贴等公益事业相关优惠政策；对保障工业用水的海水淡化设施，通过市场优化配

置资源方式推动项目建设。结合财政可承受能力和常规水补贴机制研究海水淡化项目建设规模。

统筹规划建设运营常规水与海水淡化水新增供水设施，实施海水淡化厂与大中型水库等城市主要供水水源联网联调，建立供水大水网，实现常规水与海水淡化水充分利用、调配互补的统一规划体系，通过水厂和管网掺混实现市政供水多水源调配互补。

10.2.3　加快推进反映水资源紧缺价格体制改革

根据水资源紧缺程度以及原水价格、电价等外部生产因素，以构建促进水资源可持续利用为核心的水价机制为目标，发挥价格杠杆作用，建立价格导向机制，对非居民用水实行超定额累进加价政策，提高企业使用海水淡化水的积极性。

通过市场优化配置资源方式，按照国家及省市有关用水定额指标，以实际产能核定重点工业企业当年度定额用水量，对于暂无用水定额指标的行业按照用户前3年加权平均水量核定定额用水量，引导企业使用海水淡化水。

10.2.4　建立推动产业发展统筹管理及标准体系

建立统一的城乡水务市场运营平台，按照政企分开、管办分离的原则，全面负责包括海水淡化水在内的全部水资源开发保护、供排水、污水处理、水环境综合治理等事务，促进海水淡化水应用持续健康发展，提升水务运营效能，保障城市供水安全。

加快研究海水淡化产业标准体系，制定海水取排水标准、海水淡化水产品标准和卫生标准、原材料及药剂标准、海水淡化工艺操作标准、检测标准、监管标准以及相关工艺及设备的设计标准和质量标准等。

⑪ 青岛水务集团海水淡化产业战略发展研究

11.1 青岛水务集团及海水淡化业务发展概况

11.1.1 青岛水务集团概况

青岛水务集团有限公司是按照青岛市委、市政府"建设全域统筹的现代市政服务体系，打造投融资能力强、辐射范围广、服务水平高的新型市政服务平台"的总体要求，经青岛市人民政府批准，由青岛市海润自来水集团有限公司、青岛市排水管理处所属二级单位、青岛城投集团环境能源有限公司整合组建的国有大型企业，于2013年1月30日挂牌，注册资本10亿元。

青岛水务集团是青岛市水务国有资产管理和基础设施投资运营主体，主要从事城乡水务项目投资、建设、设计、施工、监理，城乡水务供应及系统设施管理、市政工程设计及技术咨询服务，管道材料设备销售，水务领域投融资及市场开发运营，房地产开发等相关业务。目前下设青岛市海润自来水集团有限公司、青岛水务集团排水分公司、青岛水务环境公司、青岛水务建设公司、胶州市自来水公司、青岛高新海润水务有限公司、青岛市固体废弃物处置有限责任公司、青岛水务集团实业发展有限公司、青岛水务集团有限公司科技中心、青岛水务碧水源科技发展有限公司10个子公司，员工3700余人。

青岛水务集团在青岛市委、市政府的直接领导下，始终把提高资源保障能力、确保供水安全、支撑城市发展、提升市民幸福感、推进节约型社会建设作为己任，通过市场化、规模化、专业化、科学化、多元化的水务产业及其产业链的锻造，将自身建成与青岛现代化国际城市地位相匹配的、具有区域影响力的、保障能力强、服务水平高、经济效益好、社会贡献大的新型优质企业上市公司，更好地担负起社会责任，让政府放心、市民满意。

11.1.2 青岛水务集团海水淡化产业发展概况

随着青岛市水资源矛盾的日益严重，由于承载着"承担社会责任，保障全市供水"的社会使命感，青岛水务集团逐渐将以海水淡化为代表的水处理新技术和产业应用作为集团的重要方向，对海水淡化的认识也从被动使用进入积极作为的新境界。

2014年，青岛水务集团收购了百发海水淡化厂的股权。百发海水淡化厂夏季供水高峰日均供水3万立方米左右，大大缓解了城市供水紧张形势，并优化了水质。同时，实行分质分类供水，9月份开始向青岛石化、华电青岛公司直供海水淡化水，非供热季每日约1.2万立方米，供热季每日约2.2万立方米。经过多年的运营，青岛水务集团不仅吸纳了西班牙的先进管理理念，同时也锻炼了一支经营丰富的海水淡化运营管理队伍。

2015年11月，青岛水务集团开工建设董家口海水淡化厂。2016年9月10日，董家口海水淡化厂通水并具备日产2万立方米的生产能力，10月底日产达4万立方米并向董家口经济园区企业（青钢集团2万立方米，海晶化工等3家企业接近2万立方米）稳定供水，满足了园区用水需求。董家口10万米³/日海水淡化厂在短短10个月内即建成，这在国内外都是屈指可数的。经过董家口海水淡化厂的建设锻炼，青岛水务集团累积了珍贵的海水淡化领域建设经验、工程业绩，拥有了自己的核心技术团队、专业建设公司，既可以做EPC，又可以做BOT，运作形式灵活，形成了先发优势。

青岛水务集团的海水淡化公司是全国第一家取得卫生许可证书、国际标准化组织（ISO）三标贯一体系证书的公司，也是海水淡化公司中最早建立安全标准化体系及安全双体系的企业，是中国唯一一家可满负荷运行的万吨级海水淡化公司。

2018年5月，青岛水务集团与天津膜天膜公司成立合资公司，研发、生产超滤膜，年产量达100万平方米；联合上海巴安水务，引进国际先进的德国ItN陶瓷平板超滤膜和奥地利KWI气浮设备等海水淡化预处理技术生产基地落户青岛蓝谷，为中国水处理行业提供自主研发的高品质膜及相关产品。

11.2　青岛水务集团发展海水淡化面临的战略机遇

11.2.1　海水淡化已成为解决全球水资源危机的重要举措

海水淡化已成为解决全球水资源危机的重要举措。2017年全球海水淡化工程规模已达10 432吨/日，近63.1%用于市政供水，且仍以年增长率8%的速度增长。从国际来看，海水淡化越来越受到重视，向海洋要水已成为国际共识。当前海水淡化涉及多个工业领域，不仅包括关键材料生产、装备制造、系统集成，还广泛应用于水污染治理、能源、环境等领域。

11.2.2　海水淡化是国内沿海缺水城市水资源安全的战略保障

我国是世界上缺水最严重的国家之一，全国600多个主要城市中，有约2/3的城市处于缺水状态，而严重缺水城市也已高达110个，主要分布在华北、东北、西北和沿海地区。河北、山东、辽宁、天津、北京五省市水资源相当匮乏，由于环渤海，所以均具备海水淡化的条件。

随着沿海经济社会的快速发展，我国沿海形成了一批钢铁、石化等产业园区、示范基地，高耗水行业呈现向沿海集聚的趋势。与此同时，沿海部分地区存在地下水超采和水质性缺水严重等问题，水资源的压力越来越大，急需寻找新的水资源增量。面对"一带一路"、西部开发、海岛开发保护等国家战略的实施，特别是国家"十三五"规划纲要提出"推动海水淡化规模化应用"重要战略部署，海水利用将迎来更为广阔的发展空间，亟须突破制约发展的瓶颈。

11.2.3 国家宏观战略规划助推海水淡化产业全面发展

"十二五"期间，国家高度重视海水利用发展，国务院、国家发展改革委、科技部、原国家海洋局相继出台了关于发展海水淡化产业的意见和专项规划，促进了海水利用迅速发展、工程规模进一步扩大。"十三五"期间，水资源短缺依然是制约我国经济社会发展的重要因素之一。国家"十三五"规划纲要明确提出要"以水定产、以水定城"和"推动海水淡化规模化应用"，党的十九大报告提出"推进资源全面节约和循环利用，实施国家节水行动，降低能耗、物耗，实现生产系统和生活系统循环链接"。

《全国海水利用"十三五"规划》提出"提高海水利用对国家水安全、生态文明建设的保障能力"的发展目标。到2020年，全国海水淡化总规模要达到220万吨/日以上，沿海城市新增海水淡化规模105万吨/日以上，海岛地区新增海水淡化规模14万吨/以上。未来几年我国的海水淡化产业仍将快速发展。

11.2.4 "一带一路"为企业拓展国际业务带来战略机遇

青岛水务集团是目前中国运行规模最大、产量最高、运行最稳定、经营状态最好的海水淡化厂，总设计产能截止到2018年年底为20万米³/日，约占全国的16%，极大地缓解了青岛市紧张的供水形势。经过公司技术人员的不断努力，能耗、药耗逐年降低，2019年能耗能降到3.5千瓦·时/吨以下，

较外方设计的4.09千瓦·时/吨的标准能耗大幅降低，处于世界领先水平。

我国海水淡化技术部分已达到国际先进水平，在国家"一带一路"倡议下，已有众多企业走出国门，在中东、南美及亚洲一些国家建设了海水淡化工程。青岛及国内很多企业都已经开展海水淡化项目并加大国内、外市场开发力度，但大多数企业在海水淡化的技术、运营、管理等方面均比青岛水务集团有比较大的差距。

11.3 青岛水务集团为主体的海水淡化"青岛模式"初步构建

青岛是我国沿海严重缺水城市之一，城市用水95%以上依靠引黄引江客水，淡水资源短缺已成为制约青岛市社会经济可持续发展的重要因素。海水淡化是水资源利用的开源增量技术。2017年，海水淡化水约占青岛市总供水量的2%，且比例逐年增加，为水资源安全提供了可靠的补充替代水源。同时，青岛市将海水淡化产业作为新动能重点产业进行培育，着力形成新的经济增长点，促进经济转型升级提质增效。青岛市在培育优化海水淡化产业发展环境上，大胆创新、积极推进，打造政府、企业、居民互利共赢的新型模式，初步形成了"政府协调机制创新、水务集团统筹海水淡化水进入市政管网、工业点对点市场化运营、需求为先、高端发展"等多形式并进的"青岛模式"，对构建城市独立供水体系具有重要战略保障作用，极大地推动了青岛市海水淡化产业的创新跨越式发展。

11.3.1 以政策创新为保障，顶层设计机制不断健全

青岛市重视政府引导，通过制定实施系列海水淡化产业发展规划、成立统一的协调机构、建立部门责任制、制定财政补贴及税收优惠、探索形

成合理的水价机制、研究制定相关标准等，逐步提高海水淡化对淡水资源的替代比例，推进海水作为供水水源纳入水资源配置体系，强化海水利用的全过程管理，创新投融资机制，完善海水淡化财政投入与激励机制，建立动态水价调整机制，推行海水淡化产业市场化运作。制定实施《青岛市海水淡化产业发展规划（2017—2030年）》，旨在促进青岛市海水淡化产业健康、快速发展，通过实施扩大海水淡化应用规模、提升海水利用创新能力、壮大海水淡化装备产业、推动国际合作发展等措施，加快海水淡化产业发展，研究提出了系列创新政策、措施、建议，从政策体制、管理机制、产业规划上保障了海水淡化的战略地位。

11.3.2 以市场配置为方向，打造产业发展龙头企业

青岛水务集团结合青岛市水资源现状，将海水淡化及装备制造列为第三大业务板块，科学制定海水淡化产业发展规划，以规划为先导，推进实施产学研用一体化发展，探讨建立涵盖科技研发、装备制造、工程建设、投资运营等全产业链的海水淡化产业体系，打造国家级海水淡化及装备制造基地和面向全球的海水淡化业务平台。青岛水务集团通过建设运营百发海水淡化厂、董家口海水淡化厂，实现了20万米^3/日的生产能力，约占全国总规模的1/6，成为国内运营规模最大的市政海水淡化企业，积累了丰富的设计施工、运营管理经验，打造海水淡化板块技术核心团队，可对外实施EPC、BOT等多种形式的工程，形成了先发优势，走在全国前列。

11.3.3 以市政供水为基础，应急储备能力逐步增强

对基础性和公益性的民生海水淡化项目，青岛市充分发挥"大水务"概念的优势，由青岛水务集团牵头收购百发海水淡化厂，并对市区新建海水淡化厂控股参股，统一建设及运营管理，统筹协调海水淡化水进入自来水厂和水库，发挥调峰供水作用，补充城市供水资源。2015年供水196天，总供水量551万立方米，日均供水2.8万立方米；2016年供水218天，总供水量760万立方米，日均供水3.5万立方米；2017年全年供水，总供水量1400

万立方米，日均供水3.9万立方米，其中7月份高峰供水期日均供水达到7.7万立方米，最高日供水量更是达到10.5万立方米。青岛水务集团百发海水淡化厂成为国内首个实现满负荷运行的万吨级海水淡化项目。

11.3.4 以工业配套为突破，"点对点"直供趋于常态化

青岛市大力推进海水淡化在工业领域的规模化应用，探讨企业直供，实现互惠互利。青岛百发海水淡化厂利用区位优势，积极开发创收增效点，与周边区域青岛石化、华电青岛公司等合作，铺设专用管道进行海水淡化水直供，2016年企业直供海水淡化水45万立方米，2017直供海水淡化水331万立方米，2018年预计实现直供水400万立方米。2017年青岛董家口海水淡化厂为董家口经济区总供水量895万立方米，日均供水量约2.4万立方米，最高日供水量达到5.5万立方米，满足了董家口经济区内青岛特钢、海晶化工和华能热电等企业的用水需求，出水水质通过国家级检测中心实际检测，满足了园区工业用水需求，极大缓解了青岛西海岸水资源短缺的燃眉之急。工业海水淡化水价格采取供需双方定价，确保了供水企业的市场化运营，在为用水企业降低成本的同时，促进了海水淡化厂效益的提升，实现了企业间的互利共赢。

11.3.5 以科技创新为驱动，实现海水淡化建设突破

青岛市在海水淡化技术研究方面具备良好基础，初步形成了海水淡化产学研科技创新体系。青岛水务集团承担建设的董家口海水淡化项目，自2015年11月正式开工建设，为确保工期，实施中各项任务压茬进行，于2016年9月顺利实现通水，同年10月份正式向区内大工业用户稳定供水。10个月的建设工期，创造了同等规模海水淡化项目建设速度世界之最，同时实现了国内首个自主设计、建设、运营的万吨级海水淡化项目。该项目作为成功范例，推广应用于半岛沿海地区乃至环渤海区域。2017年6月，项目通过国家发展改革委"反渗透膜材料研发与产业化及应用示范项目"验收，为海水淡化技术的推广起到示范作用。

11.3.6　以适度补助为原则，保障海水淡化企业可持续发展

一是争取优惠电价政策，电耗是影响海水淡化运营成本的重要因素，电力成本约占运营成本的40%，按照工业电价，企业运营成本将居高不下。为降低成本，在山东省物价局大力支持下，青岛水务集团百发海水淡化厂、董家口海水淡化厂获得优惠电价批复，执行居民类的非居民用电0.555元每千瓦时，按10万米³/日在全年达产的情况下计算，可节约电费近2000万元。二是对以市政供水为主的青岛水务集团百发海水淡化厂，经跟踪评估，下发了《青岛市海水淡化项目运营财政补助办法》（青财建〔2017〕43号），将青岛市百发海水淡化项目列入财政补贴范围。目前市政供水补助7.25元/米³，大大降低了企业运营成本，保障企业可持续发展。

11.4　指导思想及基本原则

11.4.1　指导思想

全面贯彻落实习近平总书记系列重要讲话和视察山东重要讲话、重要批示精神，遵循创新、协调、绿色、开放、共享五大发展理念，牢牢把握"一个定位、三个提升"，以供给侧结构性改革为主线，坚持政府引导与市场驱动相结合，实施产学研用一体化发展，建立涵盖科技研发、装备制造、工程建设投资运营等全产业链的海水淡化产业体系；积极融入国家"一带一路"倡议，建设国家级海水淡化及装备制造基地和面向全球的海水淡化业务平台，打造国内规模领先、技术先进的海水淡化龙头企业。

11.4.2 基本原则

（1）坚持创新驱动发展

实施创新驱动发展战略，推进以企业为主体的创新体系建设，突破产业化核心技术，提升关键装备自主创新率，增强海水淡化技术创新能力。鼓励应用和商业模式创新，推动海水淡化规模化应用。

（2）坚持政府引导和市场机制相结合

加强政府引导，通过制定相关规划、政策、法规和标准等，培育和规范市场；发挥市场机制作用，以水务集团为主体，发挥市场在资源配置中的基础性作用。

（3）坚持集聚发展原则

准确把握区域经济发展的内在要求，坚持因地制宜、突出特色，以水务集团为主体，完善基础设施，促进教育机构、科研院所、新兴产业、人才人口等加快集中、集聚，发挥集聚效益，打造海水淡化产业发展新高地。

（4）坚持开放共享合作

倡导开放包容、互利共赢的现代发展理念，更好运用国际国内两个市场、两种资源，"引进来"与"走出去"并举，更好发挥东亚海洋合作平台作用，深度融入"海上丝绸之路"，加快培育参与和引领海水淡化开放合作新优势。

11.5 总体发展目标

到2020年，依托水务集团建成海水淡化研究设计院，提升海水淡化技术研发、成果转化、工程设计建设和咨询、装备制造等能力，参与国际竞争的能力明显增强，力争将水务集团打造成为国内规模领先、技术先进的海水淡化龙头企业。聚集国内外优势企业组建国家海水淡化产业联盟，建设海水淡化装备制造基地和青岛水科技产业园。反渗透膜法海水淡化单机制水能力达到3万米^3/日，海水淡化原材料、装备制造自主创新率达到70%以上，海水淡化产业投资达到100亿元以上。

建成一批产业园区配套海水淡化示范工程，建成若干海水淡化功能示范岛，结合蓝谷海水淡化示范项目开展海水淡化水进入水源或市政供水试点，增强海岛和缺水地区水资源保障能力，全市海水淡化总体规模力争达到60万米^3/日。将青岛打造成全国海水淡化示范城市，海水淡化对青岛市新增工业供水量的贡献率达到80%以上。

到2025年，全市海水淡化产业发展水平再上新台阶，技术研发和装备制造水平全国领先地位和国际竞争力进一步凸显，打造国家级海水淡化技术研发中心和装备制造基地，青岛国家级海水淡化示范城市引领作用充分显现。

11.6　发展规划及实施路径

青岛水务集团的海水淡化产业按"两个五年、两个方向、每五年一个方向"进行规划。

11.6.1　第一个五年（2020年1月—2024年12月）

战略规划关键词：整合创新发展。

整合：整合集团下属海水淡化公司，形成合力参与市场竞争。

创新：放开思路，从定位、组织、产品、合作模式、机制、团队上进行创新，尽快构建核心能力和竞争壁垒。

发展：本着先发展、再理顺的思路，加大海水淡化市场开发力度，立足青岛、面向全国、走向国际，先要份额、再要利润。

（1）战略目标

发挥整合后的优势聚焦海水淡化，力争两年内成为海水淡化行业龙头并成为独角兽企业，五年内主板上市。

（2）市场目标

根据国内外海水淡化的宏观政策及市场发展情况，初步确定青岛水务海水淡化板块2025年前市场目标值，如表11–1所示。

表11–1　青岛水务集团市场目标计划表

项目	2020年	2021年	2022年	2023年	2024年	2025年
产能/（万米^3/日）	110	140	180	220	260	310
份额	50%	50%	50%	50%	50%	50%
实际供水/（万米^3/日）	80	110	140	180	210	245

注：2020年110万米^3/日产能目标是按国家规划到2020年国内产能达到220万米^3/日、公司占50%的份额确定的；2021年、2022年是按每年增长30%的目标确定的；2023年、2024年、2025年是按每年增长20%的目标确定的。

11.6.2　第二个五年（2025年1月—2029年12月）

（1）战略目标

以海水淡化公司为主体整合水务集团参股、控股的上游核心关键零部件超滤膜、反渗透膜制造企业，打造有卓越竞争力的海水淡化全产业链生态圈。

（2）工作方针

以科技为先导，以产业装备为基础，以"海淡对外"为拳头，带动产业装备，以产业装备国有化提高竞争力，抢占更多市场份额，发挥互补优势，形成链式发展态势。

11.6.3　近期实施路径

实现路径主要围绕第一个五年规划制定，同时为第二个五年规划打下坚实基础，第二个五年规划实现路径在此基础上补充、完善。第一个五年规划实现路径总结为"一定位、五创新"。

（1）产业定位

将海水淡化产业上升为集团主要板块，从集团目前下属的海水淡化公司中遴选出有实力的公司作为主体，整合另两个公司组成集团二级子公司并承接此产业战略和目标。

（2）组织创新

借鉴国际、国内优秀企业建立完善适合市场竞争的组织架构，尤其是尽快增加营销功能，主动出击，抢占国内、国际市场。

（3）产品创新

借力研究院及自然资源部天津海水淡化与综合利用研究所，结合对标国内外产品开发有竞争力的海水的民用水、工业水解决方案和海水淡化设备产品，逐步建立有卓越竞争力的海水淡化全产业链生态圈，构建产品壁垒，夯实核心能力。

（4）机制创新

围绕产业战略目标和市场目标建立内部团队成员的薪酬、定级、升迁机制，尤其是营销人员和技术人员的薪酬、定级和升迁机制，调动各级人员积极性，全力完成市场目标。

（5）团队创新

根据定位和组织设置，重新梳理支撑目标的团队搭建，按自己培养和外部引进双模式尽快搭建符合市场要求的有竞争力的技术、营销、运营团队并不断优化。

（6）模式创新

要对国内市场进行分析，按先易后难原则、先规模后利润思路尽快布局。根据不同市场、不同区域分别按PPP、BOO、BOT模式尽快占领市场，并不断对标国际先进企业做法探索新模式。

参考文献

［1］王保栋. 海水淡化厂排水对海洋生态环境的影响［J］. 海洋开发与管理，2007，24（4）：77-78.

［2］李鹏，肖飞，高海菊. 我国海水淡化产业发展趋势与探讨［J］. 东北水利水电，2016，34（2）：66-68.

［3］袁锋臣，徐峰. 淮河流域海水利用发展与对策［J］. 治淮，2014（12）：38-40.

［4］高玉屏. 我国现有技术条件下海水淡化成本构成分析［J］. 水利技术监督，2013，21（1）：36-38.

［5］刘冬林，王海锋，庞靖鹏，等. 进一步发展海水淡化产业的制约因素和对策建议［J］. 水利发展研究，2012，12（4）：20-23，27.

［6］裴绍峰，刘海月，叶思源，等. 海水淡化：国际经验与未来前景［J］. 生态经济，2014，30（11）：2-5.

［7］兰荔，苏润西，王欣源，等. 天津市海水淡化应用现状及发展趋势研究［J］. 资源节约与环保，2014（12）：4-5.

［8］姚猛. 天津海水淡化现状与发展对策研究［D］. 天津：天津大学，2015.

［9］徐梅生. 海水资源开发利用产业化的可持续发展——论我国海水资源开发利用产业化的历史、现状和对策［J］. 海洋技术，1995（4）：79-87.

［10］王静，刘淑静，尚言武，等. 澳大利亚海水淡化现状以及对我国的借鉴［C］//中国海洋学会第五届青年海洋科学家论坛暨首届国家海洋局青年海洋科学基金学术研讨会，2012.

［11］刘淑静，张拂坤，王静，等. 国外海水淡化环境政策研究及对我国的启示［J］. 中国人口·资源与环境，2013, 23（S2）：179-181.

［12］杨倩，唐艳冬，李培. 海水淡化国际经验对我国水资源水环境安全的启示［J］. 环境保护，2014，42（23）：68-70.

［13］陈飞宇，金鑫. 全球海水淡化产业发展现状及对我国的启示［J］. 经济论坛，2008（21）：53-55.

［14］朱庆平，史晓明，詹红丽，等. 我国海水利用现状、问题及发展对策研究［J］. 中国水利，2012（21）：30-33.